ライチョウ、翔んだ。

近藤幸夫

集英社インターナショナル

なわばりを見張るライチョウのオス。
後方は北アルプス・槍ヶ岳。

孵化したばかりの
ライチョウのヒナ。

雪の中にもぐって
身を隠すライチョウのメス。

羽ばたくことができるようになった
ライチョウのヒナ。

ケージ保護中の飛来メスを
見守る小林篤・環境省専門官。

木曽駒ヶ岳山頂直下の
斜面に設置された保護ケージ。

ライチョウの親子を見守る
中村浩志・信州大学名誉教授。

つがいのライチョウに近づく中村。
朝日新聞の撮影で。

体を温めるため母鳥のお腹の下にもぐりこむヒナたち。

腸内細菌を獲得するため、母鳥の盲腸糞をついばむ。

ライチョウを動物園から移送し、
悪天候をついて着陸するヘリコプター。

ケージ保護され、
ヒナを育てる飛来メス。

中央アルプス・木曽駒ヶ岳で開かれたライチョウ観察会。

人を恐れないライチョウを観察する外国の研究者。

ライチョウ、翔んだ。

目次

＊文中敬称略。
年齢、肩書、経過年数などは
基本的に当時のものです。

カバー写真　高橋広平（写真の背景は一部加工しています）
表紙・扉写真　高橋広平、中村浩志、近藤幸夫、朝日新聞社、長野朝日放送
ブックデザイン　鈴木成一デザイン室

ライチョウ生息図

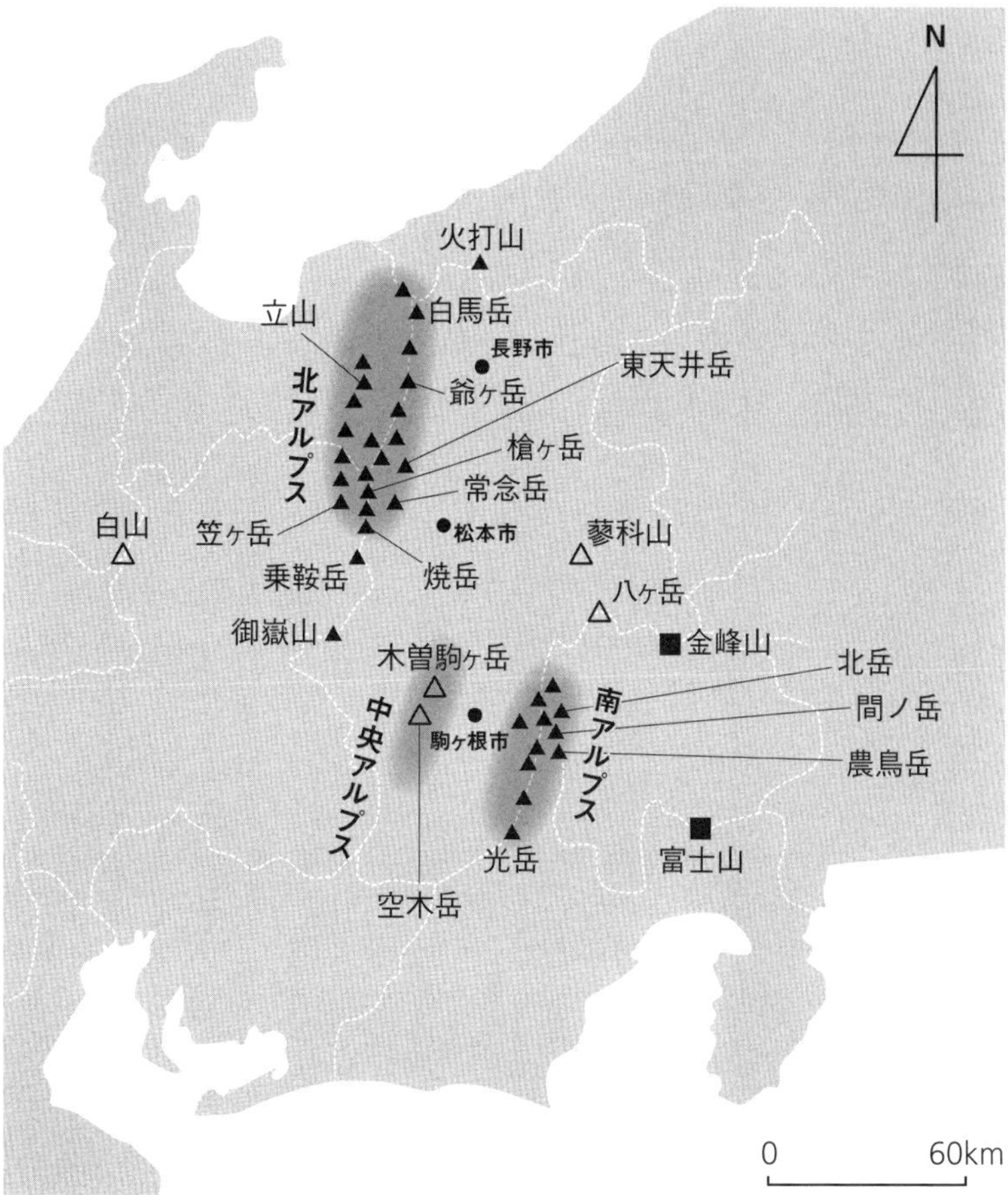

▲ 生息山岳

△ 絶滅山岳（中央アルプスは環境省の復活事業が進行中）

■ 移植後絶滅した山岳

ライチョウ、翔んだ。

序章

私は、ライチョウのために、第二の人生の扉を開けてしまった。

きっかけは、一羽のメスだった。どこからともなく中央アルプスに飛んできた彼女が、私を含めて多くの人たちの生き方を変えた。「飛来メス」と呼ばれるこのライチョウは、私たちに多くのことを教えてくれた。

絶滅が危ぶまれる「神の鳥」を復活させたい。世界に稀《まれ》な日本の高山環境を守りたい。前代未聞のプロジェクトの実現に向かって邁進《まいしん》する鳥類学者・中村浩志《なかむらひろし》は、私がこれまで出会ったことがない人物だった。私は、その人柄や生き様に魅せられてしまい、中村と飛来メスが紡いだ奇跡のような物語の語り部になりたいと思った。

二〇一八年七月二一日のことだった。午後四時過ぎ、長野市にある環境省信越自然環境事務所に地元紙・信濃毎日新聞記者の松崎林太郎《まつざきりんたろう》が現れた。彼が訪ねたのは野生生物課の希少生物係長でライチョウ担当の福田真《ふくだまこと》。松崎は午前中に電話で訪問の意図を伝えていた。

「中央アルプスの木曽駒ヶ岳《きそこまがたけ》でライチョウを撮影したという登山者から連絡がありました。写真を確認してもらいたい」

写真を見た瞬間、福田は確信した。ライチョウのメスに間違いない。問題は撮影場所だ。松崎は、木曽駒ヶ岳の山頂付近と言っている。中央アルプスのライチョウは半世紀前に絶滅したとされている。木曽駒ヶ岳にはいないはずの鳥なのだ。鳥の背景には、高山帯特有の樹木であるハイマツが写っていた。

一九六〇年代、中央アルプスに生息するライチョウは、すでにごくわずかになっていたと考えられている。最後の目撃例は一九六九年だ。それ以降、中央アルプスでライチョウは確認されていない。その二年前の一九六七年に木曽駒ヶ岳へのロープウエーが開業し、登山者や観光客が押し寄せた。自然環境が大きく変わったことが、絶滅に向けてとどめをさしたともいわれている。

七月二〇日午後零時半過ぎ。登山者が、木曽駒ヶ岳頂上直下にある頂上木曽小屋付近で、登山道脇にいた一羽のライチョウを撮影した。彼は、その写真を信濃毎日新聞に持ち込んだ。見つかったのは一羽のみ。この鳥はライチョウで間違いないのか。松崎は、情報の「ウラをとる」ため、福田に確認を求めに来たのだ。

福田はその時の様子をよく覚えている。

「絶滅山域で見つかったライチョウと判明した瞬間、彼はすごく興奮していました。彼はいつも『ライチョウのニュースは、どんなネタでも信毎《しんまい》が最初に報道したい』と話していました。記者としての醍醐味《だいごみ》を感じていたようでした。新聞記者がスクープをものにした時、こんな反応をするものだと思いました」

翌日の信濃毎日新聞の朝刊一面。「中ア・駒ヶ岳でライチョウ確認　半世紀ぶりに」の二段抜きの見出しとともに記事が掲載された。

絶滅したはずの中央アルプスに突如、ライチョウのメス一羽が現れた。ひょっとしたら、わずかな集団が半世紀もの間、人間に見つからずひっそりと隠れていたのかもしれない、との臆測もあった。

ただ、一九七六〜七七年、信州大学教授の羽田健三《はねだけんぞう》（故人）により、中央アルプス全体でライチョウの大規模な生息調査が行われている。この時、ライチョウが生息している証拠の糞《ふん》や羽根はもちろん、砂浴び、足跡などの痕跡も一切見つからなかった。その後もライチョウが生息しているという情報は皆無だ。わずかな集団が生き残っている可能性はない。環境省は、中央アルプスのライチョウは絶滅したと判断している。

ではこのメスは、どこからやってきたのか。

現在、ライチョウが生息しているのは、北アルプス、南アルプス、乗鞍岳《のりくらだけ》、御嶽山《おんたけさん》、そして火打山《ひうちやま》を含む頸城山塊《くびきさんかい》の五つの高山帯に限られる。中央アルプスは、北アルプスと乗鞍岳、御嶽山の山域と、南アルプスの間にある。この時点では今回見つかったメスの飛来ルートはわかっていない。

ライチョウは、本州中部の高山帯にのみ生息する貴重な鳥だ。国の特別天然記念物であり、絶滅危惧種として保護されている。高山帯の生態系を象徴するフラッグシップ種でもあり、特にヒナの愛らしい姿が登山者の人気を集めている。環境保護や生物多様性への関心を呼び起こす生き物の役目を果たしているのだ。

ところが、近年、その生息数が著しく減少している。一九八〇年代に羽田が実施した調査で全国の生息数が約三〇〇〇羽と推測されていたが、二〇〇〇年代になると二〇〇〇羽弱に減少。二〇一二年、環境省が公表した「第4次レッドリスト」で、ライチョウは「絶滅の危険が増大している種」の絶滅危惧Ⅱ類から「近い将来における野生での絶滅の危険性が高いもの」の絶滅危惧ⅠB類にランクが上がった。

この結果を受け、環境省は二〇一四年からライチョウの保護増殖事業をスタートさせる。事業は、信州大学名誉教授で世界的なライチョウ研究者・中村浩志が中心になって進められている。

環境省職員の福田は、その事業の担当者として二〇一五年から長野自然環境事務所に赴任した。当面の目標は、生息状況の調査や生息数を回復させる方法を確立することだった。

後に「飛来メス」と名づけられた、この中央アルプスのライチョウの発見が、保護増殖事業の進路を大きく変えることになる。

中村は、信州大学時代の教え子である福田とタッグを組んで新たなチャレンジを始める。絶滅した中央アルプスにライチョウをよみがえらせる「復活作戦」が動き出したのだ。これは、ライチョウではこれまで成功例がない全く新しい試みだった。

このころ、私は朝日新聞長野総局に勤務し、山岳担当の記者としてライチョウの取材を続けていた。前代未聞の挑戦を目の当たりにして心が躍った。本当に人間の手で、ライチョウをよみがえらせることができるのだろうか。

極めて困難なプロジェクトであることは間違いない。そのドラマを追ってみたい。そして、ライチョウを巡る一部始終をジャーナリストの視点から記録したい。そんな思いを持つようになった。

第一部

絶滅の危機

ライチョウのヒナをくわえた
ニホンザル（2015年8月）

第一章　サルの襲来

私とライチョウとの出合いは、ニホンザルがきっかけだった。

二〇一五年八月三一日午後、長野県庁で「北アルプスのライチョウ調査の報告」の記者会見があった。当時、私は朝日新聞長野総局に勤務しており、登山や山の環境問題などをメインに取材する山岳担当の記者だった。

会見時刻が近づいた。スーツ姿の男性が後ろの入り口から現れた。表情は厳しい。信州大学名誉教授の中村浩志だった。その後方に、眼鏡をかけた若い男性が続く。男性は周囲から隠すように下向きに大きな写真パネルを持っていた。

私の脇の通路を通るとき、覗《のぞ》き込んでパネルを確認すると、鳥をくわえたニホンザルが、カメラ目線で振り向いていた。写真の鳥はライチョウだろうと思った。

それまでライチョウの取材をしたことはなかった。だが、事の重大さは一瞬でわかった。サルがライチョウを食べるという話は聞いたことがない。そもそも何でサルが、ライチョウ生息地の標高二〇〇〇メートルを超える高山帯にいるのか。会見前から戸惑った。

会見場の一角に、サルの写真パネルが立てかけられた。中村は怒ったような表情で話し始めた。

「生息数の減少が懸念されるライチョウの天敵として、新たにサルが加わりました」

強い口調だった。サルがライチョウを捕食するのを研究者が確認したのは、今回が初めてだという。パネルを運び、会見に同席した男性は、東邦大学の研究員で中村の「教え子」の小林《こばやし》篤《あつし》だった。

中村は、ライチョウの研究者として知られているが、研究対象は、ライチョウだけではない。他種の鳥に卵を抱かせ、ヒナを育てさせる托卵《たくらん》の習性があるカッコウの研究で、すでに世界的な業績を上げていた。その後、五〇歳を過ぎてから本格的にライチョウ研究を始めた、いわば異色の研究者である。

ライチョウの生息数は近年、激減している。北アルプスなどライチョウの主な生息地がある長野県は、中村が会長を務める信州ライチョウ研究会に生息数などの調査を依頼していた。

中村は、写真撮影のいきさつを話し始めた。八月二五日。この日は好天に恵まれていた。槍《やり》ケ岳《がたけ》(三一八〇メートル)や穂高《ほだか》連峰などの雄大なパノラマを楽しみながら、中村と小林は北アルプス中部の東天井岳《ひがしてんじょうだけ》(二八一四メートル)周辺でライチョウの生息状況調査をしていた。

東天井岳の北西尾根で、ニホンザルの群れ約二〇匹を見つけた。サルたちは、登山者を全く警戒していない。登山者の数メートル前の登山道を平気で横切り、ハイマツの松かさから種を取り出して食べていた。あまりにも人慣れした様子に中村は驚く。サルの群れを観察して写真を撮影した。

その四〇分後、約一〇〇メートル先の標高二八〇〇メートル付近のハイマツが茂る場所で、ライチョウの母鳥とヒナ二羽の家族がいるのを確認した。二人は近くに腰を下ろしてライチョウの親子を観察していた。すると、先ほどのサルの群れが近づいてきて、一匹の若い雄ザルがライチョウのヒナに忍び寄った。

ヒナは自力で飛べるほど成長している。おそらく母鳥と一緒に逃げるだろう。その反応を見たいと思い、カメラを構えた。サルがゆっくり近づく。母鳥は逃げたが、ヒナは動かずにサルをじっと見つめている。次の瞬間、サルは素早い動きで両手を伸ばし、ヒナをつかんで口にくわえた。中村は、サルがライチョウを襲うことなど想定もしていなかった。

「こらっ！」

中村は大声を出して、ヒナを取り返そうと必死でサルを追った。だが、サルの動きは機敏だ。五〇メートルほど駆け登ったが、標高が高く酸素が薄い。息切れがする。サルは、中村を小馬鹿にするように、ライチョウをくわえたまま、何回か振り向いた。ヒナを取り返すことはあきらめたが、サルの「犯行」の証拠写真を撮影することは忘れなかった。

ライチョウは臆病な性格だ。イヌワシなど天敵の猛禽類《もうきんるい》が上空を舞うだけで、母鳥は「クワッ、クワッ」という警戒音を出してヒナに危険を告げる。警戒音を聞いたヒナは、あわててハイマツの茂みに逃げ込んで姿を隠す。本来、ニホンザルはライチョウが生息する高山帯に生息しておらず、ライチョウにとってなじみのない動物といえる。さらに、中村は南アルプスでの体験から、サルがライチョウを捕食することはないだろうと考えていた。

二〇〇八年九月のこと。ライチョウ調査のため、南アルプスの北岳（三一九三メートル）から間ノ岳《あいのだけ》（三一九〇メートル）に向かう途中、中村はライチョウの家族を見つけた。突然、母鳥が飛び立ち、舞い降りた場所にサルの群れがいた。母鳥は、サルの前で羽をばたつかせて傷ついたふりをする擬傷行動を始める。サルが近づいたら、その先にひょいと飛び、そこでまた傷ついたふりをしてサルの注意をそらし、ヒナからどんどん離れた場所に誘導したのだ。この観察結果から、中村は今回も母鳥が擬傷行動をとるだろうと思っていた。

だが、東天井岳のライチョウの母鳥は、サルが近づいても擬傷行動をしなかった。ヒナを置き去りにして、そのまま逃げたのだ。

近くの大天井岳《おてんしょうだけ》（二九二二メートル）周辺にサルが上がってきているのは、以前から知っていた。それでも北アルプスの稜線《りょうせん》に出没したサルが、ライチョウの新たな天敵になるとは思ってもみなかった。中村の脳裏に、最悪の予測が思い浮かんだ。

もし、北アルプスのサルたちの間で、ライチョウのヒナを食べる行為が文化として広まったら、ライチョウはあっという間にいなくなってしまう。ヒナたちには十分な飛翔《ひしょう》能力がなく、素早いサルの攻撃から逃げる術《すべ》を持たない。ライチョウの減少に拍車がかかってしまう。いや、ひょっとしたら、すでにサルたちの間でライチョウを捕食する文化が広がりつつあるのではないか。

実際、調査中に東天井岳周辺で見つけた母鳥一三羽のうち一〇羽はヒナを連れていなかった。少し離れた常念岳《じょうねんだけ》（二八五七メートル）周辺では六羽すべてがヒナを連れていたので、サルによる捕食が東天井岳周辺では常態化しているのかもしれない。一刻も早くサルの行動を詳しく調べ、ライチョウを守る対策を講じる必要がある。

野生のニホンザルの研究で、欧米にも広く知られているのは、宮崎県串間《くしま》市の幸島《こうじま》に生息するサルの「芋洗い」だ。一九五三年夏、地元の小学校教師が一匹の子ザルが小川で芋を洗っているのを見た。餌付けで与えた芋に土がついていて、それを洗って食べていたのである。

知らせを聞いた京都大学の研究者がこの子ザルを観察し、論文にまとめた。芋洗いは子ザルが始めたが、この行動は家族や仲間へと広がっていく。サルはさらに海岸まで行き、海水をつけて食べるようになった。芋洗いの目的が塩味をつけることに変わった。単に土を取るために洗うのではなく、海水を使って味をつけることを学んだのだ。幸島のサルの芋洗いは、人間以外の動物にも文化があり、広がっていく証拠とされて注目を集めた。

会見で、中村は「サルがライチョウを食べる文化が一つの群れだけでなく、ほかの群れにも伝わったら北アルプスのライチョウは絶滅してしまうかもしれません」と語気を強めた。

中村は、これまでのライチョウ調査で記者会見を開いたことはなかったが、今回は違った。ライチョウが置かれている危機的な状況を多くの人に知ってもらわなければならない。そのためにはメディアの力が必要だ。下山してすぐ、長野県自然保護課の担当者に状況を説明して「緊急記者会見」の扱いで新聞やテレビ各社にリリースを流してもらった。

ただ、会見の前にテレビがニュースで放送すると、新聞各社からクレームが出るため、会見の詳しい内容は書かなかった。それでも、できるだけ多くの記者に集まってほしいと思った。中村は支援者の一人でメディア関係に強い知人に頼んだ。

「知り合いの記者たちに会見に出てもらうよう声をかけてほしい。ただし、内容は言わないでください」

会見では、間違いなく「サルがライチョウを食べた」という事実に注目が集まるはずだ。報道の効果を高めるためには映像が必要となる。各社から映像提供の要望は多いだろう。中村は、サルがライチョウのヒナを捕まえて逃げていく一連の写真十数枚を収めたCDを準備し、各社に配った。用意周到に準備された会見だった。この会見から、私とライチョウとの長い付き合いが始まった。

初めて会った中村の印象は、穏やかな話しぶりの中に秘めた闘志を持った人物、というものだった。会見後の囲み取材では、ライチョウについて基本的な質問にも嫌な顔もせず丁寧に答え続ける。ライチョウの置かれている危機を何としても伝えたいという情熱が伝わってきて好感を持った。

　この二年前。二〇一三年八月、東京本社スポーツ部員だった私に、新人時代の富山支局以来となる地方勤務の異動内示があった。当時、朝日新聞社では、ベテラン記者を地方に出す「地方環流」が始まっていた。私はそのターゲットになった形だが、赴任先を聞いてかえって喜んだ。母校の信州大学時代に暮らした長野県にある長野総局だったからだ。

　一九八八年に配属された運動部（後にスポーツ部と名称変更）では、南極やヒマラヤなど海外取材を十分堪能した。このころは、むしろ国内の山岳遭難などに興味が移っていた。また、本社勤務だと、北アルプスなど山の取材は移動が大変だった。東京や大阪勤務だと、趣味の日帰り登山も高尾山や六甲山など選ぶ山も低山になってしまう。長野総局がある長野市だと、日帰りで北アルプスや八ヶ岳登山も十分可能だ。なんとも不謹慎な理由で、転勤を待ち望んでいた。

　すでに長女は大学を卒業し、大学生の長男は下宿生活をしている。私は東京で妻と二人暮らしをしていた。妻は「子育てを終えた夫婦は一緒にいるべきだと思う。それに東京での生活にも疲れたからね」と、地方への転勤を歓迎してくれた。二〇一三年九月、私は、期待を膨らませて長野総局に転勤、長野市に移住した。

第二章　研究者魂

私が信州大学農学部に在籍した一九七八〜八四年、ライチョウの研究者として世間に名前が知られていたのは羽田健三だった。肩書は信州大学教育学部教授。私は、登山にのめり込んでいたこともあり、ライチョウにも関心を持っていた。時折、高山で見かけるその愛らしい姿に一目惚《ぼ》れしたのだ。当時、新聞やテレビで羽田の活動を目にしていた。

なぜ教育学部の教授がライチョウの研究をしているのだろうか。母校を誇りに思うとともに、疑問も感じていた。一般的には、ライチョウは理学部や農学部といった理系の学部の研究対象だろう。

信州大学を卒業後、ライチョウの報道について、羽田に代わって、メディアには中村浩志の名前が出るようになった。中村の肩書は、羽田と同じ信州大学教育学部教授。中村は、羽田の教え子なのだろうか。ライチョウの取材を始めるまで、ずっと抱いていた疑問だった。

一九四七年、中村は長野県東信《とうしん》地方の坂城町《さかきまち》で生まれた。実家はリンゴ農家。子どものころは、町内を流れる千曲川《ちくまがわ》でウグイやカジカなど川魚を捕ったり、河原で野鳥の巣を見つけたりするのが好きな自然児だった。豊かな自然に囲まれた環境で近所の子どもたちと山野を駆け回る少年時代を過ごした。

長野県は、国宝に指定された土偶「縄文のビーナス」が出土した茅野《ちの》市の棚畑《たなばたけ》遺跡など縄文遺跡が多い。中村の実家近くにも縄文晩期の遺跡があった。ここで土器や石器のかけらを拾い集めたことがきっかけとなり、中村は考古学に興味を持つようになった。

長野県千曲市の屋代東《やしろひがし》高校〈現・屋代高校〉に進学すると、地歴班という考古学のクラブに所属した。長野県の多くの高校では、課外活動のクラブを「○○部」でなく、「○○班」と呼ぶ。三年生になると班長を務め、夏休みに縄文遺跡の発掘現場に通った。そこで発掘に参加した大学教授らと知り合い、彼らが夢中になって遺物を見つける様子に憧れにも似た思いを持つようになる。このころから、将来は好きなことに熱中できる研究者になりたいと考えるようになった。

地歴班の顧問を務める担任の教師に薦められ、中村は地元の信州大学教育学部の受験を決める。もちろん、教育学部で考古学を学ぶためだった。現在と違い、インターネットなどで入試情報を得ることができない時代だった。当然、教師は、考古学の研究者になりたい自分に合った大学と学部を薦めてくれたのだと思い込んでいた。

大学の選択が間違っていたことに気づいたのは、入学後のことだった。あると思い込んでいた考古学の研究室が、実は存在しなかったのだ。いずれにせよ、当時の教育学部は入学直後に所属する研究室を決めなければならない。

悩んだ末、少年時代の体験を思い出した。スズメやカワラヒワを捕まえて鳥かごで飼い、鳥たちを遊び相手にした思い出である。まず、スズメを庭先で餌付けする。つっかい棒に付けたひもを操作して箱をかぶせる罠《わな》で捕獲する。鳥かごで飼い、スズメを観察することに夢中になった。鳥だったら考古学と同じように興味が持てるテーマが見つかるかもしれない。考古学がだめなら鳥の研究をしよう。そう自分を納得させるしかなかった。

研究室は、鳥類の生態研究を専門とする羽田の「生態研究室」を選んだ。中村は大学進学と同時に、考古学から鳥類学へと人生の舵《かじ》を大きく切ったのだ。

毎年五月には、研究室の主催で長野市郊外の戸隠《とがくし》高原で戸隠高原探鳥会が開かれる。中村は、入学後の五月に参加した。豊かな森には野鳥がたくさん生息しており、改めて鳥に興味を持つようになった。子どものころ、野山で野鳥を追った楽しい記憶がよみがえってきた。

ライチョウとの関わりは、同じ年の一九六五年の四月からすでに始まっていた。

長野市近郊の飯縄山《いいづなやま》（一九一七メートル）で地元の山岳会の会員がライチョウを撮影し、羽田に連絡してきた。

飯縄山は北信五岳《ほくしんごがく》の一つで、長野市街地から望める名山として市民になじみの深い山だ。この山は本来、ライチョウの生息地ではないが、近くにそびえる北限の生息地・火打山（二四六二メートル）から一時的に移動してきたとみられる。羽田は、その後もライチョウが飯縄山にとどまっているのか確かめるため、中村ら研究室の学生を調査に連れていったのだ。この時は、ライチョウは発見できなかった。

二度目のライチョウ調査は、中村が二年生になった年の六月だった。その六年前、一九六〇年に北アルプスの白馬岳《しろうまだけ》（二九三二メートル）から富士山（三七七六メートル）にライチョウが移送されていた。ライチョウの新しい生息地をつくるのが目的だという。羽田は、その後の富士山のライチョウの生息状況を調べるため、中村ら学生たちに声をかける。だが、今度も中村はライチョウの姿を見ることは叶《かな》わなかった。

中村が人生で初めてライチョウを見ることができたのは、三年生になってからのことである。羽田は、白馬岳のライチョウ調査に中村と研究室の学生一人を同行させた。その日は六月下旬、梅雨時にもかかわらず、好天に恵まれていた。三人は白馬大雪渓《はくばだいせっけい》から宿泊先の白馬《はくば》山荘を目指した。中村の足元はおぼつかない。北アルプスの雪渓を登るのは初めてだったが、谷を埋め尽くすような残雪の美しさに疲れは吹き飛んでいた。

大雪渓を登り切ったところで、羽田がライチョウを見つけた。約一〇〇メートル先の崖の上の岩に一羽の鳥がいた。じっとしている。

羽田が説明する。

「あれはオスだ。岩の上に立ち、なわばりの見張りをしている」

なわばりとは、つがいになったオスとメスの繁殖期の行動範囲のことだ。ヒナが孵化《ふか》して母鳥と巣を離れると、なわばりは解消される。

中村は、やっとライチョウの姿を見ることができた。ただもっと劇的な出合いを期待していただけに、ちょっと拍子抜けした気持ちになった。

大雪渓を抜け、尾根に出ると、今度はオスとメスのつがいを見つけた。二羽は登山道の脇で砂浴びをしていた。わずか数メートルの距離まで近づいても逃げようとしない。羽田は、中村に言った。「この二羽は繁殖に失敗したつがいだ」。もし抱卵《ほうらん》中ならメスは砂浴びをした後、すぐ巣に戻る。だが、戻ろうとしない。おそらく抱卵中にイタチ科の小動物オコジョや猛禽類などの天敵に卵を食べられて繁殖に失敗したのだろう。羽田の説得力のある説明に、中村はライチョウの生態の一部を垣間見た思いだった。

この日の宿の白馬山荘に着き、少し休んでから三人はライチョウの観察に出かけた。羽田は、二人にライチョウの行動観察の方法を教えた。糞や地面に落ちた羽根、砂浴びの跡などからライチョウのなわばりの存在を確認できる。中村は、ライチョウの生活の痕跡を注意深く調べれば、ライチョウの姿が確認できなくても様々なことがわかることを学んだ。

羽田は豪放磊落《らいらく》ともいえる性格だった。学生に対する口癖は「バカタレ」。野外調査で学生が不用意に動いて観察対象の鳥を驚かせるなどのミスをすると、大声でカミナリを落とした。その場できっちり叱《しか》る。後でこっそり呼んで注意しても学生はミスを忘れてしまう。この指導方針はその後、中村が引き継いでいる。

一九六九年、中村は信州大学を卒業し、京都大学大学院理学研究科に進んだ。修士課程を終え、博士課程で学生のころからテーマにしていたカワラヒワの研究を続けることにした。

信州大学卒業から一〇年後の一九七九年六月、カワラヒワの繁殖調査を終え、学位論文にまとめようとしていたころだった。羽田から電話があった。六月下旬に予定している北アルプスでのライチョウの生息調査への協力依頼だった。羽田が電話をかけてくるのは珍しい。信州大学時代、世話になった恩師の頼みだ。調査への協力を了承すると、羽田の弾んだ声が返ってきた。

「そうか、やってくれるか。調査計画は研究室の学生が作成しているので、学生から詳しい内容を聞いてくれ」

生息調査の予定山域は、北アルプスで人気の登山ルートである表銀座に沿ったエリアだった。燕岳《つばくろだけ》（二七六三メートル）から大天井岳を経て槍ヶ岳に至る比較的長いコースだ。羽田と中村、研究室の学生三人の計五人の調査隊が編成された。

羽田の調査方法は、なわばりの数からライチョウの生息数を推計するものだった。繁殖時期にライチョウの生息エリアとなる高山帯を歩いて、ライチョウの姿だけでなく、糞や足跡などからなわばりの数を調べていく。

なわばり数に、なわばりを持てなかった「あぶれオス」の数を加えれば、調査地域のライチョウの生息数を割り出せる。なわばりの位置や範囲を地図に記して、次のなわばりを調べる。気が遠くなるような作業の繰り返しだ。このようにして、一つの山域ごとになわばりの数を調べていけば、ライチョウの生息数がわかる。

調査中、山小屋で酒を飲みながら、中村は羽田からカワラヒワの学位論文の進み具合を聞かれ、早く論文を完成させるよう励まされた。このとき羽田がなぜ調査に中村を呼んだのか、何となくわかったのは、かなり後になってのことだった。教え子の近況を確認するのと同時に、再び一緒に山を登って、中村にライチョウ調査をする能力があるのかどうかを確かめたかったのではないかと思い至ったのだ。

京都大学の大学院に進んだことで、中村は羽田の期待を裏切ってしまったという負い目がある。修士課程二年目だった。結婚を決め、羽田に手紙と電話で知らせたが、京都での結婚式には来てくれなかった。羽田の代理出席をした研究室の助手から欠席の理由を聞かされた。羽田が「中村は、京都に何をしに行ったのか」と激怒しているという。

羽田は、大学院に進んで結婚し、平地の鳥のカワラヒワの研究に没頭している中村に対し、ライチョウの調査ができるのか確信が持てなかったのだろう。ライチョウの生息地は高山になる。山を登る体力と危険を回避する判断力、限られた時間内で調査しなければならず、集中力も必要となる。北アルプスの調査へ同行させたのは、そのテストだったのではないかと、中村は考えたのだった。

一九八〇年、中村は大学院での研究を終え、母校の信州大学教育学部に戻ってきた。羽田の助手として採用されたのだ。

信州大学に着任した直後、中村は羽田の研究室に呼ばれた。最初だから、助手としての心構えを話してくれるのだろうかと緊張していたが、全く違った展開となった。

羽田は机の上いっぱいに何枚もの山岳の地図を広げ、これまで調査したライチョウのなわばりの分布をまず説明した。それぞれの地図には、推定されたなわばりの位置が一つ一つ、多数の丸印で描かれている。すでに北アルプスの半分の山域の調査は終わっていたが、残り半分と南アルプスは手つかずの状態だった。

羽田は熱を込めて語りかけてきた。

「中村君。私は五年後に大学を退官する。最後の仕事として、日本のどこの山に、どれだけライチョウが生息しているのか、その調査を完結させたい。ぜひ、中村君の力を借りたい。何とか協力してほしい」

中村は困惑した。学生時代、羽田のライチョウ調査を手伝ったが、自分の研究テーマはライチョウではない。大学院時代、英国の鳥類学者イアン・ワイリーが書いたカッコウの托卵の本を京都市内の洋書店で見つけた。カッコウの生態と野外調査を基にした研究成果が詳しく書かれていた。二日間、夢中になって読み、気が高ぶった。カッコウには、托卵というユニークな習性がある。夏場に日本に渡ってくる鳥で、長野県にも多く来る。だからこそ、信州大学に戻ったらカッコウの研究をしたいと意気込んでいた。

だが、羽田のライチョウ調査にかける情熱は彼の人生をかけた願いとして中村の心に突き刺さってきた。何としても在職中に研究成果をまとめたい。並々ならぬ決意である。

羽田が退官するまで、あと五年しかない。自分も学生もライチョウ調査の経験が少ない。短い期間で、そんな広い山域の調査を完成させる自信はなかった。それでも、羽田の熱のこもった説得に、そう言いたい気持ちをぐっとこらえた。気づけば、「全力を挙げてライチョウ調査に協力します」と返事をしていた。

羽田との約束通り、中村はライチョウの繁殖期である六月から七月を中心に、調査のため何度も山に登った。そして羽田が退官を翌年に控えた一九八五年までに、羽田から頼まれた残りの山岳地域でライチョウの生息調査を終えていた。

この年、信州大学で開かれた日本鳥学会のシンポジウムで、羽田は三〇年に及ぶライチョウ調査の総括を講演する。その中で全国のライチョウの生息数を約三〇〇〇羽と発表した。羽田の晴れ姿を見届け、約束を果たした中村は、これからは自分の研究に専念できると安堵《あんど》した。カッコウとライチョウの調査時期が重なるため、中村は、この五年間、自らの研究テーマであるカッコウの托卵の研究に集中できなかった。ライチョウ調査から解放され、カッコウの研究も軌道に乗ってきた。羽田の退官後、中村は研究室を引き継ぐ。

中村は、学生時代、助手時代を通じて羽田の指導を受け、その後の人生が変わるような大きな影響を受けた。だが、羽田の全てを受け入れたわけではない。中村にとって羽田は反面教師でもあった。

「僕は四〇代で羽田先生の研究室を引き継ぎました。大学内の若い先生からよく聞かされました。羽田先生から自分の業績を自慢されていじめられたことを。今でいうアカデミックハラスメントですね。だから僕は絶対にそんなことはしないと決めました」

それでも信念を持って仕事をし、信念を持って学生を叱ることは、羽田のいい面として捉えている。助手時代、学生の前で怒鳴られても、耐えることができた。自分を後継者として認めてくれていることがわかっていたからだ。

大学の去り際にも羽田は、ライチョウの研究を引き継いでくれ、とは言わなかった。水を得た魚のようにカッコウの研究に没頭する中村の姿を見て、今は頼んでも無駄とあきらめていたのだろう。羽田の退官後、中村の意識の中でライチョウは遠い存在となっていった。

第三章　神の鳥

カッコウの調査が一区切りした一九九二年、中村は、米国のアリューシャン列島に派遣された学術調査隊に参加した。標高約一〇〇メートルの丘で五〇メートルほど離れた場所にライチョウがいた。学生時代からのライチョウ調査の経験で、当たり前のように近づいて観察を試みる。すると、ライチョウは中村に気づいた途端、飛んで逃げていく。次に見つけたライチョウも同じ行動をとる。

学術調査の後、立ち寄ったアラスカ州のライチョウも同じだった。さらにスコットランドやスペインのライチョウも同様で、むしろ、人を恐れない日本のライチョウが特殊なのだと考えざるを得なかった。

なぜ日本のライチョウは人を恐れないのか。中村は海外での観察経験を重ねることで、この疑問と正面から向き合うことになる。

一つの理由は、狩猟文化の違いである。海外では、ライチョウはずっと狩猟の対象となってきた。だが、日本ではライチョウが狩猟対象になったことは、歴史上一度もない。このことが人を恐れない大きな理由であることはすぐにわかった。ただ、それだけなのだろうか。もっと深い理由があるような気がする。

中村は、そのヒントを恩師のライチョウへの接し方に見つけた。羽田は、北アルプスの麓《ふもと》の長野県大町市出身である。この地方の人々にとって里山の森は、田畑の肥料となる落ち葉を集めたり、燃料の薪《まき》を拾ったりする生活の場だった。一方、里から離れた北アルプスの高峰は、奥山と呼ばれた。山そのものを神としてあがめる山岳信仰の対象で、人がむやみに立ち入ってはならない地域なのだ。

水田耕作で最も大切なのは水の確保である。そのためには、豊かな森がある水源地の奥山の森に手をつけてはならないことを、古くから住民たちは知っている。その奥山に棲むライチョウは「神の鳥」としてあがめられ、見つけても捕まえたりせずに守り続けてきた。だから、ライチョウは現在も人を恐れないと考えられる。これが中村の導き出した結論だった。

ライチョウと人との関わりは古く、平安時代から始まっている。江戸時代の中期から、ライチョウが生息する白山《はくさん》（二七〇二メートル）や立山《たてやま》（三〇一五メートル）、御嶽山（三〇六七メートル）への信仰登山が盛んになった。それに併せて一般の人たちが高山に登ってライチョウに出合い、この鳥の存在が広く伝えられるようになったという。

白山や立山を領内に持つ加賀藩では、むやみにライチョウや高山植物をとってはならないという御触れを出している。この御触れは、日本で自然保護に関する初めての法令だという説もある。

さらにライチョウの霊力を示す逸話が残っている。宝永五（一七〇八）年、京都御所が焼け落ちる大火が起こった際、ライチョウの絵が掛けてあった蔵だけが焼け残った。このことが知れ渡ると、ライチョウのご利益が評判になり、火災や雷よけとしてライチョウの絵をお守りとする家が増えた。同様の護符は、立山でも発行されている。

なぜ、ライチョウが雷と結びついたのだろうか。ライチョウは、イヌワシなどの天敵を避けるため、雷が鳴るような悪天候の時に活発に活動する。こうした生態が知られるようになり、江戸時代の中ごろから「雷鳥」と呼ばれるようになったという説がある。

羽田は、調査で絶対にライチョウを捕獲しなかった。神の鳥を捕まえるなんて暴挙はできない。近くから見守る「行動観察」でライチョウの生態を解明しようとした。羽田は、日ごろからライチョウのことを、「人智を超えた鳥である」と言っていた。

中村が大学院でカワラヒワの研究を続けており、長野県を離れていた時のことだ。羽田の研究室の学生が、調査中にライチョウの巣から卵を取り出して写真を撮った。そのことを知った羽田は烈火のごとく怒り、学生を研究室から追い出した。いわゆる破門である。捕獲どころか、卵に触れることさえ許さない。羽田にとってライチョウは、まさに聖なる鳥なのだ。

同じ長野県でも、ライチョウが生息する北アルプスから遠く離れた東信地方で生まれた中村は、羽田が言う「奥山」という言葉の本当に意味する内容が、当初はわからなかったという。

一九九八年、中村に大きな転機が訪れる。

中村は一五年間に及ぶ、カッコウの托卵研究で『サイエンス』に論文を発表し、この分野では世界のトップレベルの学問を究めたと感じていた。そして同年八月、長野県大町市の大町山岳博物館主催で「ライチョウを語る会」が開かれた。そこで中村がライチョウについて講演をすることになったのだ。大町山岳博物館は、全国でも珍しい山岳専門の博物館として知られ、ライチョウの人工飼育に取り組んだ実績があるライチョウとは縁の深い場所だ。講演後の懇親会で、参加者たちの中から、こうした会を年に一度くらい開いて、ライチョウについて情報交換をしたいとの声が上がった。

二〇〇〇年八月、大町山岳博物館は、ライチョウ研究者やライチョウに興味のある人たちを集めて「ライチョウ会議」という組織を設立した。「第一回ライチョウ会議　設立大会」が大町市で開かれ、全国から研究者や行政関係者らが集まり、ライチョウの現状や保護などについて語り合った。その会議において、参加者たちに推される形で中村が会長に選ばれたのだ。

会長就任が、中村のライチョウ研究再開への意欲を促した。それ以上に、中村には一九九四年に亡くなった羽田の期待に応えられなかったという負い目があった。若いころ、ライチョウ調査のため、羽田と一緒に北アルプスなどの高山を駆け巡った時の熱い思いが、鮮やかによみがえってくる。

中村は羽田から「ライチョウの研究を引き継いでくれ」と頼まれてはいない。だが、今は羽田の気持ちがよくわかる。もう一度、羽田がやり残したライチョウの研究に取り組んでみよう。研究者として実績を積み、自分ならライチョウを深く研究できるという自負もある。中村の気持ちは固まった。

会長に選ばれた中村は、挨拶で決意を述べた。「ライチョウがトキやコウノトリのように絶滅することがないよう、多くの方々の叡智《えいち》を結集したいと思います。今のうちからしっかりした調査研究と、それに基づいた保護対策を確立することで、ライチョウの絶滅を回避したいのです」。これは羽田の遺志を自分自身が引き継ぐという宣言でもあった。

ライチョウ研究再開にあたり、中村はある決心をした。それは、羽田が決して認めなかったライチョウの捕獲だ。

羽田にとってライチョウは「神の鳥」だった。ひたすら近くから観察してライチョウの生態を解明しようとした。だが、行動観察だけでは、これまで判明していなかった寿命や、つがいの関係、なわばりの所有形態などはわからない。これらのことは、ライチョウを捕まえて足輪を着け、個体識別をしなければ解明できないと考えた。

カワラヒワやカッコウの調査で、中村はカスミ網で捕獲して足輪を着ける個体識別をして、次々と未知の生態を解明してきた。個体識別は、中村の研究スタイルでもある。

中村は、ライチョウを「神の鳥」として特別視するのではなく、絶滅の危機に瀕《ひん》する希少野生生物という観点から、生態をより詳しく知りたいと考えた。羽田が存命中なら、調査のためとはいえ、ライチョウを捕獲することなど絶対に許さなかっただろう。だが、個体識別は、必ずライチョウの生態解明につながる。さらにこのデータを保護に生かすことができれば、羽田への最大の恩返しになるとの確信があった。ライチョウの研究再開に向けて、まずは、足輪による個体識別など基礎調査から始めよう。目標は定まった。

ただ、ライチョウは国の特別天然記念物であり、捕獲や調査は規制が厳しい。環境省や文化庁、林野庁、県、市町村の教育委員会など全ての関係機関からの許可が必要となる。中村はその後、三カ月に及ぶ複雑な申請手続きを経て捕獲許可を手にした。

二〇〇一年、中村は北アルプス南端のライチョウ生息地・乗鞍岳（三〇二六メートル）で個体識別による調査を開始した。乗鞍岳はライチョウが生息する高山帯まで車道があり、調査がしやすいことから選んだ。乗鞍岳に生息するライチョウ一羽一羽に足輪を着けて「戸籍」をつくり、それまで未解明だった寿命や体重変化など次々と解明していった。

二〇〇三年九月からは、南アルプスで調査を始めた。下見のつもりで北岳を訪れると、すぐ異変に気づいた。羽田と一緒に調査した一九八〇年代、北岳周辺は南アルプスで最もライチョウが多く繁殖していた場所だった。だが、今回はライチョウの姿が全く見えないのだ。姿どころか、糞や足跡さえ見つからない。

翌二〇〇四年の六月、北岳、間ノ岳、農鳥岳《のうとりだけ》（三〇二六メートル）の白根（白峰《しらね》）三山で、信州大学の学生や地元の山梨県の関係者計八人でライチョウの生息調査をした。五日間の調査で、確認できたなわばりの推定数は四一。一九八一年の調査の推定数一〇〇に比べて、半数以下の厳しい数字に驚いた。特に減少が著しかったのは、北岳から間ノ岳の白根三山北部で、以前は六三あったなわばり数が一八まで減っていた。

ライチョウの生息数が激減したことに驚き、その理由を探っていった。調査をする中で、犯人の目星がついてきた。ニホンジカである。

二〇〇五年、中村が南アルプス南部の聖岳《ひじりだけ》（三〇一三メートル）から光岳《てかりだけ》（二五九二メートル）の調査をした時のことだ。長野県側の遠山《とおやま》川沿いから登り、聖平《ひじりだいら》小屋のある尾根にたどり着いた時、おびただしいシカの糞と足跡を見つけた。さらに衝撃を受けたのは、聖平小屋付近で、かつて見られた高山植物の広大なお花畑が姿を消していたのだ。シカが食べない毒草のトリカブトやコバイケイソウがまばらに生えただけの殺風景な環境に変わっていた。

食害は、聖平小屋付近にとどまらない。聖岳から光岳にかけての高山帯のお花畑がシカに食い荒らされていた。光岳周辺には、シカが歩いてできた無数の「獣道《けものみち》」が残っていた。

シカに続いて高山帯に侵入したのは、イノシシだった。二〇〇六年秋、北岳の調査で白根御《お》池《いけ》小屋上にある「草スベリ」（二三五〇メートル）と呼ばれる高山植物のお花畑のあちこちが、何者かによって掘り返されているのを見つけた。二年後の秋、さらにその上の森林限界を超えた標高二八〇〇メートル付近の高山帯でも同じような掘り返しの跡を確認。調査の結果、イノシシの仕業とわかった。

中村は、北岳周辺でライチョウが激減した理由の一つにたどり着く。羽田と調査した二〇年前、高山帯にシカやイノシシなど里山の動物はいなかった。それが今や、ものすごい勢いで高山帯に侵入し始めているのだ。

シカやイノシシの食害がなぜ問題なのか。ライチョウは、鳥類には珍しく、主に植物を食べて生きている。高山帯に生息するため、食べるのは必然的に高山植物となる。高山帯に侵入してきたシカやイノシシと、ライチョウは同じ食べ物を分け合う競合関係にあるのだ。

山奥の集落の過疎化が、シカやイノシシを激増させた。山村で住民の高齢化が進み、里山で下草刈りや薪集めなどをする人が減った。林業従事者も減り、森林の手入れが行き届かなくなり、里山でも藪《やぶ》が茂って荒れ放題になる。動物たちにとって安心して繁殖できる環境が整う。さらに、動物にとって天敵のハンターは、高齢化の影響で年々少なくなっている。

人里と動物たちの繁殖地の境界地域が狭まり、耕作地の食害も増える。以前と違って人間と動物の緊張関係が、ますます緩くなった。増えた動物たちが「住宅難」に陥る。動物たちは新天地を求めて高山に上がり始めた。

つまり、短期間で高山植物を食べ尽くす侵入者が、ライチョウが生息する高山帯に出現したことになる。

二〇〇六年、中村は日本鳥《ちょう》学会の会長に就任する。それまでは自然保護や野生動物の保護に対してあまり関心がなかった。ずっと世界最先端の研究を目指して突っ走ってきたからだ。

だが、日本の鳥を守る組織のトップとなると、そうはいかない。トキやコウノトリに続いてライチョウまでも絶滅させることになったら、世界の鳥の研究者からどう見られるだろうか。中村はその危機に誰よりも早く気づいてしまった。ライチョウの保護対策ができるのは、自分しかいない。

「会長としての使命感をひしひしと感じたことも、ライチョウの保護に取り組むことになった理由の一つです」

この思いは、鳥学会会長の重責以上に、日本の鳥類研究者としての責任感から出てきたものである。

中村が京大大学院の学生だった一九七三年五月、一人の英国人が研究室を訪ねてきた。その人物は、日本列島の南にある無人島の鳥島《とりしま》に上陸して絶滅の危機に瀕しているアホウドリの調査をしたランス・ティッケルだった。

アホウドリは、一九世紀末に人間が羽毛採取のため、五〇〇万羽といわれるほどの大量捕獲をしたため、生息数が激減した。一時は絶滅宣言が出されたものの、一九五一年に鳥島の気象観測所の職員がわずかに生き残ったアホウドリを発見。だが、一九六五年に火山噴火の恐れがあるため、観測所は閉鎖されて鳥島は無人島になる。以後、八年間誰も上陸していなかったが、ティッケルが英国海軍の協力を得てアホウドリの生息状況調査を果たす。

もっとアホウドリの話を聞きたい。

中村は、研究室の仲間の長谷川博と一緒にティッケルを大学近くの飲み屋に誘って夕食をともにした。その時、ティッケルから言われた言葉がその後も心の片隅に残っている。

「アホウドリは日本で繁殖する鳥だ。その鳥の研究と保護は君たちのような若い鳥類研究者の仕事ではないのか」

その後、長谷川はアホウドリの研究を始め、この鳥の保護に関わっていく。

中村は当時の思い出をこう振り返る。

「この時、私はカワラヒワの学位論文に取り組んでいる真っ最中でした。ただ、この時点で陸の鳥は私、海の鳥は長谷川君に任せたというお互いの共通認識がありました」

さあ、今度は自分の出番だ。ライチョウ研究を再開することで、南アルプスが「待ったなし」の状況であることが判明している。その後中村は、環境省に南アルプスの現状を報告するとともに、早急に対策を講じないと南アルプスのライチョウは絶滅してしまうと訴えた。その一方で、生息地の北アルプスや南アルプスなどで基礎的な調査を続け、ライチョウの置かれている現状を明らかにしたいと考えていた。

第四章　鳥の気持ちがわかる

ニホンザルがライチョウを捕食したというショッキングな事実を報じた後、私は中村の支援者から「ケージ保護」という言葉を耳にした。ライチョウ親子がまるで手品のように、中村の指示通りケージに出入りするという。ケージ保護を行うと、ライチョウの数が一気に増えるそうだ。どういうことだろう。がぜん興味が湧いた。

ケージ保護とは、中村が考案したライチョウの保護方法だ。まず、一時保護施設として、木枠と金網で作った組み立て式のケージ（鳥小屋）をライチョウの生息地の高山帯に設置する。大きさは幅一八〇センチ、奥行き三六〇センチ、高さ一二〇センチ。夜間や悪天候時に、ライチョウの母鳥とヒナをケージ内に収容する。ケージはテンやキツネなどの天敵からライチョウを守るほか、暴風雨などの悪天候でも家族が安心して過ごせる場所となる。日中はケージから家族を出して、近くの高山帯で散歩をさせる。その時、天敵に襲われないよう人がつきっきりで見守る。

ライチョウのヒナは、孵化後一カ月間の死亡率が高い。自力で体温維持ができないため、母鳥のお腹《なか》の下に入って温めてもらう。また、この間のヒナは自力で飛ぶこともできないため、天敵に襲われやすい。

こうしたヒナの弱点を解決するのが、ケージ保護なのだ。ライチョウは通常、二日に一個ずつ卵を産む。六～七卵そろったところで抱卵を開始し、卵は同時に孵化する。母鳥は孵化翌日に巣を離れ、ヒナを連れて「放浪の旅」に出る。巣を離れるタイミングで、家族をケージに誘導してケージ保護がスタートする。手間も暇もかかる方法だが、鳥の習性を知り尽くした中村ならではの発明でもある。

長野県版でなく、全国版で紹介しよう、と私は考えた。ケージ保護だけでなく、中村を主人公にライチョウの現状を伝えたい。長文で写真をたくさん掲載したい。この希望にぴったりの面は「ｂｅ」しかないと思った。

「ｂｅ」は朝日新聞の土曜日の朝刊に別刷りとして発刊される紙面だ。特に一面の「フロントランナー」は、各界の著名人を取り上げ、ビッグサイズの写真が目を引く。中面も一ページあり、登場人物のプロフィールのほか、一問一答でその人物の活動内容を詳しく紹介できる。

一番心配したのは、フロント面の写真だった。ライチョウの話題なのに、ライチョウが写っていない中村だけの写真では成立しない。だが、ライチョウは高山帯に棲む特別天然記念物の鳥だ。確実に撮影できるという保証はあるのだろうか。不安を抱えたまま、中村の研究所を訪ね、同行取材の相談をした。

中村は、いつもの笑顔で対応してくれた。「ちょうど乗鞍岳に調査に行こうと思っていました。『フロントランナー』の写真撮影はその時にしましょう。乗鞍岳なら車で行けるし、日帰りも可能です。間違いなく写真も撮影できるでしょう」。心強い言葉にほっとした。

乗鞍岳は北アルプス南端の長野・岐阜県境にそびえる三〇〇〇メートル峰として知られる。主峰の剣ヶ峰（三〇二六メートル）を中心に二三のピークが南北に連なる巨大な独立山塊だ。標高二七〇二メートルの畳平《たたみだいら》には、バスターミナルがあり、長野県側から「エコーライン」が、岐阜県側から「乗鞍スカイライン」の山岳観光道路が通じており、車でのアクセスも容易だ。穏やかな山容が特徴で、手軽に行ける「日本百名山」であり、夏場は家族連れなどで賑《にぎ》わっている。

中村は二〇〇一年からずっと乗鞍岳でライチョウのフィールド調査を続けてきた。いわば彼のホームタウンともいえる場所なので、私も様々な不安が解消されたような気分になった。

取材日は、エコーラインが雪のため冬季閉鎖となる前日の二〇一五年一〇月三一日に決まった。カメラマンは、名古屋本社報道センター写真グループの飯塚悟《さとる》が担当。当日は中村の車で行くことになった。

中村は車を県境に駐《と》め、私と飯塚を連れて調査地の大黒岳《だいこくだけ》（二七七二メートル）への稜線を歩いた。私は、アイゼンやピッケルこそ持参しなかったが、登山靴を履き、足元を雪よけのスパッツで覆うなど、万全の登山装備で取材に臨んだ。時折、風速一〇メートルを超す強風にあおられながら、山頂から雪が積もったハイマツが茂る斜面を下った。

調査を始めて三〇分後、中村が叫んだ。「ここにライチョウの足跡があります」。特徴的な三本指の足跡が雪面に残っていた。ライチョウは、早朝にハイマツの実などを食べる。だが、この日のように晴れていて視界が良いと、イヌワシなど猛禽類に襲われる危険があるので、ハイマツの中に隠れてしまう。

中村は「天気が悪くて視界があまりきかない時は、すぐに出てきてくれるのですが……」とつぶやきながら、雪が積もった斜面を縦、横に歩き回り、足跡や糞などを探した。その様子は、まるで遺跡の調査で縦、横の線を引き、そのグリッド（方眼図）をしらみつぶしに発掘する作業のように思えた。

約二時間半、私と飯塚は中村の後を追い、雪とハイマツの斜面を歩き続けたが、ライチョウは現れてくれなかった。時折、雪の深みにはまり、足を引き抜くのが大変だった。ライチョウ調査は、なんと単調で根気がいる作業なのだろう。中村は、私と飯塚が疲労困憊《こんぱい》していることなど気にもとめず、歩き続けている。

中村の調査に同行取材するのは初めての経験だ。私は学生時代から登山を続けていて、高山帯での行動には慣れている。だが、その自信は打ち砕かれた。それ以上に中村の執念深さには、驚きとともに感服するしかなかった。

中村の提案で、いったん標高二三五〇メートルの位ヶ原《くらいがはら》山荘まで下って、昼食を食べることになった。山荘に着くと、乗鞍岳の別の場所で調査をしていた中村の教え子でライチョウ研究者の小林篤がいた。中村とは別に乗鞍岳でライチョウの調査に来たという。

位ヶ原山荘は、積雪期でも営業している時期があり、中村と小林が調査の拠点にしている。飯塚は「フロントランナー用に最適の被写体が見つかりました」と笑顔を見せ、中村と小林に向かい合って座ってもらい、様々な角度から写真撮影した。

小林は詩吟の家元の三男である。日本橋三越本店に近い、大きなビルに囲まれた家で育つ。一二歳の時、父が亡くなり、一二歳年上の次兄が家業を継ぐ。詩吟の稽古をしたことはないが、耳学問で詩吟に親しんだ。後鳥羽上皇が詠まれたライチョウの和歌を美声で吟ずるのが特技の一つでもある。

《しら山の　松の木陰にかくろひて　やすらにすめる　らいの鳥かな》

子どものころから鳥が好きだった。都会の中でも探してみれば多くの鳥が見つかる。自転車で一〇分ほどの清澄《きよすみ》庭園の池には、冬になるとカモが渡ってくる。小学生になると、図鑑と首っ引きで鳥の名前を覚えた。図鑑には美しい色の鳥たちの姿がたくさん掲載されており、見るだけで楽しかった。

東邦大学理学部三年の時、卒論のテーマにライチョウを選んだ。

空を飛ぶ鳥は見た目には美しく、飽きないが、いざ研究となると目の前から消えてしまいそうに思えた。そんな時、人を恐れず、飛ぶのが苦手なライチョウを思い出す。ライチョウなら近距離からじっくり観察ができるのではないのかと考えたのだ。

幸い、東邦大学理学部には乗鞍岳の高山植物を研究している丸田恵美子教授がおり、彼女は中村をよく知っていた。当時、信州大学教育学部の教授だった中村に、「ライチョウの研究をしたい学生がいる」と紹介してもらった。

中村からすぐ小林に連絡があり、二〇〇八年一〇月に乗鞍岳で実施するライチョウの生息調査に同行することになった。

それは、小林にとって初めて経験する高山帯だった。背の高い木はない。地を這《は》うように伸びるハイマツ。無機質な岩の壁。全てが初めて見る景色だった。松本の街が、遠く眼下に広がっている。雲を下に見る光景に感動した。

先を歩く中村が叫んだ。

「見つけた！」

あわてて駆け寄ると、くすんだ茶褐色の母鳥と、その近くに若鳥になったヒナたちがいた。

まだ「ピヨピヨ」と鳴いている。中村は、釣り竿《ざお》の先に輪になったワイヤをつけた捕獲器で、あっという間に若鳥を捕まえ、個体識別用の足輪を素早く着けていった。

小林は、ライチョウが想像していたよりずっと近くから観察でき、しかも簡単に捕獲できることに驚いた。また、この鳥が寒さの厳しい高山で年間を通じて暮らしていることを想像し、深く感動したことを今でもよく覚えているという。

翌二〇〇九年四月、小林は雪深い乗鞍岳に戻ってきた。日当たりの良い尾根では、すでに雪解けが始まっていた。高山植物があちこちで芽吹いている。前秋とはまた違って真っ白い羽のライチョウと再会した。ここから、本格的な卒業研究が始まった。

研究拠点の位ヶ原山荘でアルバイトをしながら、ライチョウの調査を続けた。山小屋の生活は驚くことばかりだった。午後九時には消灯となり、水は雪を溶かして作る。初めての体験にカルチャーショックを受けながらも、ライチョウだけでなく山の生活そのものに魅力を感じるようになった。

中村は、ほかの大学から「弟子入り」した小林を歓迎してくれた。当時、中村はライチョウが食べている餌の内容を、季節ごとに調べてみたいと考えていた。春先から秋の終わりの餌については富山雷鳥研究会による北アルプス・立山室堂《たてやまむろどう》での調査などがある。だが、いずれも餌となる高山植物の種類を調べたもので、量的な調査ではなかった。

小林は、中村から「二人でライチョウの餌の調査をしないか」と提案され、それを卒業論文の研究テーマにすることにした。

中村の調査方法は、単調で根気がいるものだった。積み重ねたデータを基に仮説を立証していく作業。頭でわかっていても、なかなか続かない。ましてやフィールドは自然条件が厳しい高山帯なのだ。

調査は、ライチョウが餌としてついばんだ高山植物を記録することだった。中村の猛特訓を受け、小林は少しずつ高山植物の名前を覚えた。中村が不在の時は、植物図鑑とにらめっこしたり、山小屋のスタッフに聞いたりして判別できる高山植物の数を増やしていった。

特に困ったのは、矮性低木《わいせい》だった。姿、形が似ている植物が多く、コケモモやコメバツガザクラ、ミネズオウなどは、花や実がついていれば一目でわかるのだが、それらがない春先は判別するのに苦労した。

二〇〇八年から二〇一〇年の調査で、中村と小林がカウントしたライチョウのついばみ回数は、計四万六五二三回に上った。これをオス、メス、ヒナに分けると、オスが計二万二二七七回、メスが一万五二九五回、ヒナが八九五一回となった。

ついばみ調査から、総ついばみ回数の九二・九%が植物質、四・七%がハチやカメムシなどの昆虫、残りの二・四%が小石や雪などの無機物とわかった。この結果から、ライチョウが従来いわれてきたように植物食の鳥であることが量的にも検証できたのだ。

ついばみの調査は、気が遠くなる作業である。だが、この方法で調べないと、ライチョウが何を食べているのかが正確にはわからない。それは中村の調査スタイルでもある。小林に実際に回数を数える方法を聞いた。

「基本的にライチョウのそばにいて目視でカウントします。ノートに、高山植物の種類ごとに正の字を書いていくのです。慣れれば難しくはないけれど、ひたすら地道な観察が続きます」

中村も同じ作業を一緒に続けた。小林に中村の人物評を聞くと、こんな答えが返ってきた。

「自分にも他人にも決して妥協しない方です」

中村の背中から多くを学んだ。研究結果は、中村と連名で「日本鳥学会誌」に掲載された。

小林は、大学入学当時から教員を目指し、教員養成課程も履修していた。だが、中村との出会いが小林の人生を変える。

小林は四年生の六月、教育実習のためライチョウの調査ができなかった。繁殖期という一番大事な時期に山へ行けないことがもったいない。そんな気持ちになるほどライチョウに魅せられている自分に気がついた。ライチョウ研究を通じて高山の美しさ、過酷さ、そして厳しい環境の中でつつましく、たくましく生きるライチョウの姿に魅せられてしまった。もっとこの鳥を知りたい。この鳥を守る取り組みを手伝いたい。

小林は、教員になることをやめた。自分のやりたいことをとことん追求した方がいい、という母親の助言にも後押しされた。信州大学教育学部の大学院に進み、中村の研究室で研究を続けることにしたのだ。

大学院を含む学生時代の調査は、一日一〇〜一四時間に及んだ。自然条件の厳しい高山帯で、ひたすらライチョウの行動を観察したこともある。

ライチョウの生態は、中村の二〇年間にわたる調査・研究で次々と解明されてきた。小林には、その一端を担ってきたとの自負がある。大学院を終えた後、母校の東邦大学の研究員として、引き続き中村と一緒にライチョウに関わってきた。彼は「都会の人」からすっかり「山の人」となった。

雪が残る春山は一日の寒暖差が大きい。日中に溶けた雪の表面が夜のうちに凍り、表面が薄い氷に覆われる。翌朝、踏み跡のないこの斜面を一人で歩くと薄氷が音を立てて流れていく。小林は、一年で最も好きな瞬間だという。最初は一人では難しかった乗鞍岳の個体群調査も、中村がいなくてもできる技術を身につけた。自分が手がけた研究がライチョウの保全事業に役立っていることは、小さな誇りだと感じている。

例を挙げれば、ライチョウの「生活史戦略」がある。ライチョウの一生をテーマに、それぞれの個体が卵をいくつ産み、どれだけ子どもを残し、いつ死亡したかのデータを蓄積することでライチョウがいかにして日本の高山環境にうまく適応したのかを解明した。

そんな教え子の存在について、師匠の中村はこんなふうに表現してくれた。

「ライチョウ研究では、私の恩師の羽田健三先生が初代。私が二代目。小林君が三代目です」

乗鞍岳の取材の話に戻ろう。

その後、位ヶ原山荘で小林を含めた私たち四人は、コンビニのおにぎりなどで簡単な昼食を済ませた。窓から見える様子に変化が現れた。山頂付近に雲がかかり始めたのだ。雪も舞い始めている。悪天候が予想されるのに中村の表情は明るい。

「絶好のライチョウ日和になりましたね。午後は期待できますよ。たぶんライチョウは姿を見せてくれますよ」

私はまだライチョウの生態をちゃんと理解していない。中村の言葉はリップサービスとしか感じられなかった。実際、午後もライチョウを撮影できなければ、ライチョウの剥製を展示している大町山岳博物館での撮影も考えていた。

小林も加えて四人が、再び中村の車に乗って長野・岐阜県境まで上がると、午前中と天候が一変している。小林とは県境で別れ、午後一時に三人で捜索を開始。気温は零下八度まで下がった。ガスで視界が悪くなり、足早に斜面を下る中村の姿を何度も見失う。しばらくすると、後ろから飯塚が大声で叫んだ。

「ライチョウ、いました！」

中村と私が、すぐに飯塚の近くへ行くと、雪が積もったハイマツの上に一羽のメスがいた。まだ真っ白な冬羽に換羽《かんう》しておらず、茶褐色の秋羽が交じっていた。周囲をよく観察すると一五メートルほど離れた場所に、目の上に赤い肉冠があるオスが一羽いた。

中村は、私と飯塚に「二人とも、今いる場所を動かないで。私が飯塚さんの方にライチョウのオスを誘導しますから。近藤さんもわかりましたか」と呼びかけてきた。

この日、初めてライチョウを確認できたことに、私は興奮を抑えきれなかった。撮影が終わるまで、頼むからこの場所を動かないでくれ。つがいのライチョウを見守りながら祈り続けた。

中村は三〇メートルほど離れた場所から少しずつライチョウににじり寄るように歩いてくる。一歩一歩が、とてもゆっくりとした動きだ。私はイライラする気持ちを抑えながら、ライチョウの動きを注視した。中村の動きに合わせるようにライチョウのオスがメスに近づいていくのだ。まるで中村がライチョウを誘導しているように見える。

中村の歩みは遅い。いや、ほとんど動いていないようにも見える。声を発するわけでもなく、手を動かすわけでもない。一〇分ほどかけて中村がライチョウのペアに二メートルほどまで近づいたとき、二羽は寄り添うような距離になっていた。中村が飯塚に指示を出す。

「さあ、ライチョウを撮影してください」

飯塚は「待っていました」とばかりにシャッターを切り続けた。私は飯塚の近くでその様子を見守った。撮影時間は五分くらいだったろうか。何の予告もなく、二羽とも羽ばたいて下の方へ飛び去って見えなくなった。飯塚は私に向かって「写真はＯＫです」と力強い口調で声をかけてきた。

ライチョウが現れてから飛び去るまでは、まるで夢を見ているような気分だった。現実の出来事とは思えなかった。中村の動作は、手品の一種なのかとさえ感じたほどだ。ライチョウを見つけたことで、それまで感じていた極度の疲労や焦りの気持ちは吹き飛んだ。目の前で見たつがいの姿に感動した。撮影の成功以上に、神々しい姿に魅せられてしまったのだ。

私は中村に聞いた。

「どうしてオスがメスに近づいたのですか。いったい先生は何をしたのですか」

中村は、謎めいた説明をした。

「ライチョウの習性を利用しただけですよ。近藤さんにはわからないだろうけど、ゆっくりとした動きでオスに圧力をかけて誘導したのです。ライチョウが飛んで逃げるギリギリまで距離を詰めました。僕はね。鳥の気持ちがわかるのですよ」

飯塚がデジタルの一眼レフカメラで再生してくれた画像を見て胸をなで下ろした。中村とライチョウのつがいがドンピシャの構図で収まっている。つがいのアップの写真も素晴らしい。朝からの努力が報われた。

中村の言う「鳥の気持ちがわかる」について改めて聞いた。

中村は、その感覚の原点は少年時代の経験だという。もともとスズメやカワラヒワを捕まえて家で飼うのが好きだった。スズメといえども捕獲は難しい。どうしたら捕獲できるのか。スズメは何を考えているのだろうか。捕獲や飼育を通じて徹底的にスズメの行動を観察した。

この経験が研究者になってからも生きているのだという。鳥たちの表情や行動をつぶさに観察し、鳥の次の行動を予測する。ライチョウについても同じだと説明する。ライチョウの動きや表情のわずかな変化を読み取る。ライチョウが中村の行動に対して何を考えているのか理解できていれば、ライチョウを思い通りに行動させることができる。やはり、常人には理解しがたい説明だった。

ただ、中村が「鳥の気持ちがわかる」と確信を持ったのは、最近のことだという。乗鞍岳の同行取材の八カ月前に遡《さかのぼ》る。

長野市では繁華街に近い鍋屋田《なべやた》小学校のヒマラヤスギや隣接する通り沿いの並木に、夕方になると数万羽のムクドリの大群が飛来していた。一五年前から住民たちが、騒音や糞害の苦情を長野市に訴えてきた。だが、決め手となる対策が見つからない。長野市が最後にたどり着いたのが世界的な鳥類学者の中村だった。

なぜムクドリが市街地に集まるようになったのだろうか。目的は夜間のねぐらにするためだ。中村によると、ムクドリは本来、山間部の樹林帯や竹林をねぐらにしている。だが、山間部はタカやフクロウなど天敵の猛禽類に襲われる可能性がある。

ところが市街地は山間部と違ってタカやフクロウなどの天敵がおらず、ムクドリは安全な場所だと認識するようになった。長野市以外でも、全国的にムクドリの市街地への飛来は問題となっている。

中村はムクドリの効果的な追い払い方を考える。解決策は、ムクドリにとって市街地が危険な場所だと認識させることだ。ムクドリのねぐら入り行動を観察すると、ムクドリたちはまず上空を飛んでねぐらにする樹木を確認する。安全だとわかれば、次々と木の枝にとまる。

追い払いのタイミングは群れが集まり始めたときだ。木の枝に設置した拡声器で天敵のオオタカの鳴き声を流し、暗くなると、やはり天敵のフクロウの鳴き声に切り替える。オオタカやフクロウの剥製も設置した。それでもやってくるムクドリに対しては、ロケット花火を打ち上げる。市街地がいかに危険な場所であるかをムクドリに学習させるためだ。

「ムクドリ撃退作戦」は、中村の予想通りの成果を上げた。二〇一五年二月二四日にスタートし、わずか五日でムクドリの飛来はほぼなくなった。中村は、ムクドリの習性、行動パターンを読み切った。学生時代から約五〇年間、鳥の研究を続けてきた知識や経験が生きた形だ。

「ムクドリ撃退用の拡声器を設置する場所は、どこでもいいというわけではありません。僕は木登りが得意なので、ムクドリの行動を考えながら設置しました」

だが、ムクドリが再来する可能性は否定できない。火事と同じで初期消火が肝心だ。再来したら、住民たちが大声を上げたり、手をたたいたりして追い払うことは可能だと、中村は長野市に対策を説明した。

再び乗鞍岳に戻る。撮影が成功したことと、本当にライチョウが人を恐れない鳥だということを実感したことで、一日の疲れは吹き飛んだ。これまでは登山者の目線でしか見ていなかったライチョウだったが、真剣に取材したいという気持ちが湧き上がってきた。

大黒岳から県境に下ると、小林が待っていた。中村は小林を車に乗せ、道中、調査結果を確認した。

小林は「中村先生の車が止まっていたすぐ上の斜面に六羽の群れがいました。大黒岳への登り口あたりです。一羽が足輪を着けていなかったので、釣り竿の捕獲器で捕まえて足輪を着けました」と淡々とした口調で報告した。

釣り竿によるライチョウの捕獲は、中村が独自に編み出した世界でも類のないユニークな手法で、中村はこれを「ライチョウ釣り」と呼んでいた。捕獲器は、伸縮可能な渓流釣り竿の先端に輪にした可動式のワイヤを取り付けた簡単な構造だ。ライチョウに忍び寄り、首にこの輪をかけ、竿を縮めて手元に引き寄せる。乗鞍岳で本格的なライチョウの生息調査を始めたとき、試行錯誤の末、趣味の渓流釣りから思いついたという。

「フロントランナー」は、予定通り一一月二一日付で朝日新聞の朝刊別刷り「ｂｅ」に掲載された。掲載後、一人の読者から、「活動を支援するため、中村先生の研究所に寄付をしたい」との申し出が、朝日新聞読者広報室にあった。

新聞記者の励みとなるのは記事の反響だ。この申し出を中村に伝えると、「記事を書くことがライチョウ保護につながるのですね」と弾んだ声が返ってきた。

私は乗鞍岳の取材のころまで、なぜ中村がライチョウの保護に並外れた情熱を傾けるのか、正直なところ理解できていなかった。取材のたびに、手を替え品を替えて問い続けた。

ある時、中村は困ったような表情を見せながら二〇一二年七月、長野県松本市で開かれた「第一二回国際ライチョウシンポジウム」での出来事を話し始めた。

ライチョウは、最新の研究では世界で一六種類いるとされている。三年に一度、それら世界のライチョウ類の研究成果や保護について論議する国際会議が開かれる。日本初開催の松本市のシンポジウムには日本を含む一四カ国から約九〇人の研究者が参加した。会議の実行委員長を務める中村は、あるイベントを思いつく。会議終了後に企画した乗鞍岳や北アルプス表銀座コースでのライチョウ観察会である。

実際にライチョウを野外で観察してもらえば、日本のライチョウが海外のライチョウと違って、人を恐れない特殊な進化を遂げたことを理解してもらえるはずだ。さらに中村は、外国の研究者たちに高山植物が咲き乱れる日本の高山環境の素晴らしさを見てほしかった。中村は欧州アルプスやカナディアンロッキー、ピレネー山脈を訪ねたことがある。スケールの大きさではかなわないが、景観の美しさでは、日本が外国をしのいでいると、中村は確信している。

観察会は大成功だった。特に、海外と違って日本のライチョウが近寄っても逃げないことに驚き、感動してくれた。シンポジウムで中村が発表した通りの習性だったからだ。これなら間近で詳しく行動観察ができるということもわかってくれた。

外国の研究者の中には、日本が公害大国で国民は自然保護に関心を持っていないと考える人もいる。いまだに高度成長期の「エコノミックアニマル」の印象が残っているのだ。だが、日本の高山帯には牧畜用に開発されたピレネー山脈などに比べ、高山植物が咲き乱れる手つかずの自然が、まだ残っている。その楽園には、神の鳥とあがめられ、狩猟の対象とならず、人を恐れないライチョウがいる。ライチョウを守ることは、この貴重な自然環境を次世代に残していくことにつながる。それが私たちの責任ではないか。これが中村の答えだった。

私は、中村が世界レベルで日本のライチョウの現状を考えていることに驚き、中村の引き出しの多さを感じた。もっと別の引き出しを開けてみたい。中村への関心とともに、ますますライチョウの魅力に吸い寄せられていく気がした。

第五章　ライチョウの魅力

私が野生のライチョウを初めて見たのは、信州大学に入学して登山を始めた一九七八年の夏だった。北アルプスの笠ケ岳《かさがたけ》（二八九七メートル）に一人で登った時のことだ。高山植物が咲き乱れるお花畑で、母鳥とヒナ三、四羽の家族が高山植物をついばんでいた。近づいても、家族は逃げない。すれ違う登山者がほとんどいない単独行の寂しさを、ライチョウが癒やしてくれた。

以来、現在に至るまで長年登山を続けているが、カモシカやクマ、ウサギなどの動物に山中で出合うことはほとんどない。彼らは人間の気配を察し、姿を見せないのだろう。一方、鳥の姿はよく見かける。高山帯で最も出合う確率が高いのは、スズメより少し大きいイワヒバリだ。北アルプスなどの高山帯に生息する鳥で、ライチョウと同じく人を恐れることなく、かなり近づいても、こちらの存在を無視するようなそぶりを見せる。ヒバリに似た鳴き声が特徴の鳥である。

ライチョウが登山者に親しまれるのは、その大きさもあってのことだろう。ハトよりやや大きい。稜線の登山道を歩いていると、いきなり現れる。小鳥に出合うのに比べて驚きは別格だ。これがイワヒバリだと、平地でスズメと接する感覚に近い。国の特別天然記念物を間近で見たことは、登山中に起きた特別な体験として思い出に残っている。

中村と知り合って同行取材を重ねるうち、私はライチョウの特殊な生態に興味を持ち、この鳥をもっと知りたくなった。

ライチョウはキジ目キジ科ライチョウ属に分類されている。キジやニワトリと同じ科に属しているのだ。

ライチョウは季節によって羽が換わり、高山が雪で覆われる冬は、真っ白な姿になる。雪解けが始まる四月ごろからは、黒や茶色の羽が生え、オスは黒っぽい姿になり、メスは茶色の繁殖羽に姿を変える。夏から秋、オスもメスもくすんだ色の秋羽に換羽する。日本のライチョウは、海外のライチョウと違って一年に三回も羽の色を変えるのだ。出合う時期が違うと別の鳥のようにも見える。

季節により色彩が変化する高山の自然環境に合わせて換羽することで、天敵に見つからないよう目立たない保護色に姿を変えて今日まで生き延びてきた。

ライチョウの繁殖期は春から初夏になる。六月になると、メスはハイマツの中に巣を作り、産卵する。抱卵はメスの役割で、オスは巣の近くの岩の上などで、なわばりの見張りをして一日を過ごす。六月下旬から七月上旬、ヒナが孵化する。ヒナは母鳥に連れられて巣を離れる。ライチョウの子育ては、メスのみが担当する。母鳥は、ヒナたちに食べられる高山植物を教え、天敵から身を守る方法も教える。孵化から約三カ月後、ヒナたちは母鳥とほぼ同じ大きさに成長し、親離れする。ライチョウは、孵化した翌年から繁殖することができる。

ライチョウは、もともと日本に棲んでいた鳥ではない。地球には過去、現在より気温の低い氷河期が何度もあった。最終氷河期だった二万〜三万年前、海岸線の低下により陸続きだったユーラシア大陸から渡ってきたライチョウが、日本のライチョウの祖先と考えられている。その後、温暖化で日本列島が大陸と海で隔てられ、北に戻ることができなくなった。日本に取り残されたライチョウは気温の低い高山に逃れることでかろうじて生き延びてきた。

ライチョウの生態の中で、私には特に、繁殖と子育てがユニークに思える。一夫一妻のライチョウは、片方が死なない限り、生涯つがい関係を続ける。子育ては、母鳥が担当し、オスはヒナが孵化した後、家族を離れる。つがいを形成するのは繁殖期のみだが、繁殖が終わって次の年になっても必ず同じペアで繁殖するのだ。

初夏にヒナが孵化した後、母鳥は、子育てに全身全霊を注ぐ。ほかの鳥と違うのは、抱雛《ほうすう》だ。

孵化後約一カ月間、ヒナは体温維持ができない。ライチョウが生息する高山帯は、夏でも気温が低く、悪天候だとヒナは体が冷え切ってしまう。このため、母鳥は定期的にヒナをお腹の下に入れ、ヒナを温める。

ライチョウの取材を重ねるうち、中村や小林からケージ保護の手伝いを頼まれるようになった。これも間近でライチョウを観察できる絶好の機会なので喜んで引き受けた。家族をケージから出して、天敵に襲われないよう見守る単調な作業だ。通常、抱雛は母鳥が鳴き声でヒナを呼び寄せ、お腹の下に入れて温める。見守り中、時々ヒナが母鳥の胸をつついて、抱雛を要求する場面を見る。その愛らしい光景は本当に心がなごむ。

母鳥の重要な役割はヒナに高山で生きる術を教えることである。主食となる高山植物の中で何が食べられるのかを教える。九月になると、ガンコウランやコケモモなどが実をつける。母鳥はそれらが食べられることも教える。

母鳥は、時には命がけでヒナを守る。子育て中、母鳥は常に周囲を見回して、高山帯に生息するイタチ科の小動物、オコジョなどの天敵を警戒する。

「クワッ、クワッ」。母鳥が警戒音を発すると、ヒナたちはまるで忍者のように一斉にその場に伏せたり、岩陰に隠れたりする。危険を顧みず母鳥はオコジョを追い払うこともある。

三〜四カ月の「子育て期間」を終えると、母鳥と同じ大きさの若鳥に成長したヒナは独立して、親と離れた場所に移動する。翌年には、繁殖が可能になる。このサイクルが毎年繰り返され、ライチョウは種を存続させてきた。

ライチョウに関する記者会見で、ある記者が中村に次のような質問したことがある。

「ライチョウの母鳥が育児放棄をすることはありますか」

中村の回答は明快だった。

「育児放棄をするのは、人間だけです。ライチョウの母鳥は、どんなことがあっても全力で子育てをします」

ライチョウの本能に育児放棄はプログラムされていないのだろう。だが、なぜオスは子育てに参加しないのだろうか。中村によると、高山帯という見通しがきく環境では、オスが家族と一緒にいると、かえって目立ってしまう。ヒナは孵化した後、すぐに自分で餌を食べるので、ほかの鳥のようにヒナに餌を持ってくる必要がない。つまり、一緒にいても役に立たないので、ヒナを守るため、孵化後は家族のもとを去るのではないかという。


ライチョウの取材に引き込まれていった理由はそれだけでない。中村の研究者としての情熱に惚れこんだこと。そして中村さえ知らなかった新しい科学的な発見に立ち会える喜びだった。誰も知らないことを知りたい。これは、人間の本能に近いものだと思う。

二〇一九年六月、私は中村から北アルプス・焼岳《やけだけ》（二四五五メートル）の同行取材を持ちかけられた。

「これまで公表していませんでしたが、実は七年ほど前から焼岳でライチョウの生息調査をしています。焼岳では繁殖行動を確認しており、営巣しているのは確実なのですが、まだ巣を見つけられていません。非常に重要な調査です」

焼岳は「日本百名山」の一つでもあり、登山者に人気がある山だ。北峰と南峰の二つのピークがある双耳峰《そうじほう》として知られている。今も活発な火山活動を続ける焼岳には、二〇一四年九月の御嶽山の噴火災害以降、私は火山関連の取材で何回も登っている。

現在、植物が生えていない岩場の北峰のみ山頂への登山道があり、南峰の登山道は廃道になっている。北峰山頂直下には火山ガスの噴気孔があり、常時、水蒸気のような白煙が上がっている。ただ、北峰から望む南峰は、山頂付近にハイマツが自生しており、別の姿をしている。焼岳にライチョウが生息していることは初耳だった。中村の誘いに乗らない手はない。特ダネをつかむチャンスでもある。私は東京本社映像報道部のカメラマン・杉本康弘と二人で同行取材した。

焼岳はかつてライチョウの生息地だった。だが、大正四（一九一五）年の大噴火以来、山頂付近の高山環境が破壊されたのが原因で、ライチョウが姿を消した。ちなみにこの噴火で、梓川《あずさがわ》がせき止められ、上高地の一大観光スポットである大正池が誕生した。

南峰がライチョウの繁殖地としてよみがえった理由について、中村は、ライチョウの餌となるコケモモやクロマメノキなどの高山植物が回復したためだと説明してくれた。だが、北アルプスのほかのライチョウ生息地と違って、南峰は営巣場所となるハイマツが少ない。つまり、生息や繁殖に適した環境が狭く、中村によると、なわばりの数は七〜九程度という。

ただ、すでに七年も調査を続けているが、巣が確認できていない。焼岳でライチョウが営巣していることは、まだ中村の仮説なのだ。つがいの繁殖行動やメスが抱卵中に出す抱卵糞などの状況証拠から、営巣しているのは間違いないにもかかわらず、肝心の巣が見つけられない。ライチョウの生息調査は、ひたすら歩くことが求められる。登山道のない尾根を登ると南峰の山頂直下に、高山植物が生えた風衝地《ふうしょうち》(強風が吹きつける場所)とハイマツの群落が広がる急斜面があった。中村は、私と杉本に指示を出す。

「二人で間隔をあけ、この斜面を登ってライチョウを探してください」

ここでやっと私たちは同行取材を許されたのではなく、中村の調査員として誘われたのだと理解した。

そういえば、この日の朝、中村の研究所の駐車場で待ち合わせた時、てっきり何人か調査員がいると思った。だが、待っていたのは中村だけだ。「さあ私の車に乗ってください」と言われ、私も杉本も戸惑った。中村は自らハンドルを握って長野自動車道を走らせながら、焼岳のライチョウの状況などを話してくれた。

松本インターチェンジを出て一般道に入るとすぐコンビニに向かう。サンドイッチを買った中村は私に言った。「私は朝食を食べるので、登山口まで近藤さんが運転してください」。えーっ、私は中村専属の運転手なのか。日常会話のような口調に驚いたが、全く他意はなさそうだ。中村の指示通り山道を運転しながら考えた。中村はライチョウだけでなく人間さえも思うがまま操る能力があるのではないかと。

私と杉本は、言われた通り二〇メートルほど離れて斜面を登った。一〇メートルほど登った時だ。杉本の足元から一羽のメスのライチョウが飛び立った。ライチョウは杉本から五メートルほど離れた岩の上にとまり、じっとしていた。

その様子を見た中村が叫んだ。

「メスが逃げない。近くに巣がある。すぐ探してください」

ほどなくして杉本が声を上げて岩の下を指さした。

「中村先生、巣を見つけました。卵があります」

中村と私は、杉本のもとに駆け寄り、巣を確認して驚いた。巣は、岩の下のくぼんだ穴にあったからだ。巣の中には卵が環状に六個並んでいた。

中村は興奮していた。

「まさかと思ったけど、こんな場所に営巣するとは」

中村の持論では、ライチョウのメスはハイマツの茂みの中で営巣する。天敵から身を隠すためだが、岩陰で見つけた巣は、中村にとっても初めて確認する事例だった。

焼岳の調査は八年目になる。それまで、中村はハイマツの群落を中心に巣を探し続けていた。確かに焼岳のハイマツは、乗鞍岳などと違って規模が小さく、小さな茂みといった程度のものばかりだった。今回の巣の発見で、改めてライチョウの環境への適応能力が確認された。

杉本のお手柄に、中村は気を良くしていた。卵が並んだ巣の様子を杉本に撮影させる。メスが抱卵のため巣に戻った後も、「メスを驚かさないよう、慎重に撮影しなさい」と声をかけた。杉本は地面に這いつくばって何度もシャッターを切っていた。

この取材で私は、初めてライチョウに直接触れる体験をした。

中村が足輪を着けていないメス一羽を見つけた。すぐに釣り竿の先にワイヤの輪をつけた捕獲器で捕まえる。ライチョウの首にかかったワイヤを外し、ザックから洗濯ネットを取り出して素早くライチョウをネットに入れる。こうするとおとなしくなり、安全に足輪を着けることができるという。中村は、ライチョウが入ったネットを私に差し出し、指示した。

「ライチョウが暴れないよう優しく包み込むように持っていてください」

初めて手に持つライチョウは、ネット越しにもふわふわとした羽の感触が伝わってくる。ハトやニワトリを持った記憶はないが、感触は違うように感じた。その体は湯たんぽのように温かかった。特徴的な三本の指先まで羽毛に被われ、鳥というよりテンなどの哺乳類のように思えてくる。

しかし、私が手に持っているのは特別天然記念物の希少種だ。中村の作業中、緊張で手が震える。中村が無事に四つの足輪を着けた後、体重などのデータ記録を終えて放鳥する際、肩の力が一気に抜けた。

足輪は、個体識別のために着ける。プラスチック製で簡単に着脱ができ、左右の足に二個ずつ、計四つの色で識別する。赤、黄、空、黒、白の五色から四色を選ぶ。足輪の色の組み合わせで個体を区別することができる。

中村は、それまで二五〇〇羽以上に足輪を着けたという。こんなにも手間暇かけた作業を続けなければ、ライチョウの生態は解明できないのか。中村の研究者としての執念を改めて感じた。私と杉本は、調査員に徹していた。すでに抱卵期に入っていたが、「あぶれオス」がなわばりに侵入していて、なわばりを持つオスが追い払う。そのたびに、中村は私たちに「オスの追い払われた方を確認して」と指示を飛ばす。

ライチョウは、飛ばない鳥と思われがちだが、繁殖期のオスはけっこう飛ぶ。標高二〇〇〇メートル以上の高山帯は空気中の酸素が薄いため、飛び回るライチョウを追う作業は息切れする。だが、中村は、そんなことはお構いなしに私たちに指示を出し続けた。

ライチョウの調査では双眼鏡が必要だ。だが、ライチョウはじっとしているわけではない。しかも、左右の足に計四つ着けられた足輪は色が違う。ライチョウの動きを必死に追うが、すぐにフレームから外れてしまう。中村は必ず足輪の色を聞いてくる。四つ全部の色を答えられないと、怒鳴りつけられる。

「何やっているの。二つじゃ意味がないんだよ」

後日、この時の経験を環境省の福田に話すと、笑いながら教えてくれた。

「ライチョウを見つけても、足輪の四色すべてを確認できるまでは中村先生に言っちゃダメですよ」


焼岳の調査では、中村は私たちに千本ノックのような指導を続けた。

初めて知ったことだが、普段は温和な中村だが現場に出ると人格が変わる。表情から口調まで豹変《ひょうへん》する。まるで、四季に応じて羽の色を換えるライチョウのごとくだ。

中村の視界や思考の中心にはライチョウしかいない。ひたすら、その姿を追い求め、同行者にも同じ意識のレベルを求める。私たちの目的は取材なのだが、そんなことは一切配慮してくれない。

早朝から始まった調査は、午後になっても続き、そのうち雲行きがかなり怪しくなってきた。

パラパラと雨粒が落ち始めた。近くで雷鳴が聞こえる。雷鳴を聞いたら登山は中止するのが鉄則だ。だが、中村は調査を中断する気配さえない。一羽でも多くライチョウを確認することしか頭にないのだ。中村の執念に気押され、私は、落雷の危険があるので下山しませんかとは言い出せなかった。

中村は杉本に対して、私より厳しく接していた。岩登りに近いような急斜面を何度も登らせている。別のルートの捜索を指示された私は、適当に休みながらライチョウを探していた。杉本は中村の近くでライチョウ探しをさせられたため、サボることなどできない。

霧で視界が悪い中、二人の姿は見えない。杉本の「わかりました」「今、探しています」などの大声が聞こえ、彼の苦境を思いやった。

申し訳ないね、杉本君。心の中でわびる。

夕暮れが迫り、中村の口からやっと調査の終了が告げられた。だが、下山準備を始めた直後、私たちの五〇メートルほど上にライチョウがいた。中村は、すぐ上の登山道にいた杉本に大声で指示をする。

「足輪は何色ですか」

杉本はあわてて斜面を駆け上った。私は、中村より下にいて難を免れた。杉本は息を切らしながら斜面を登っていく。またも心の中で感謝する。

杉本君、一緒に来てくれてありがとう。

この日、十数羽のライチョウを確認することができた。日帰り調査としては、これ以上ない成果だという。さらに焼岳で初めて巣を発見できて、中村の心は弾んでいた。

私が驚いたのは、七二歳と思えない中村の体力だ。下山中、私は疲れてペースが落ち、遅れがちになった。二人は私を待ってくれていて、合流すると、「近藤さん、私より一回りも若いのに体力ないですね」と笑顔でいじられた。五九歳の私としては、返す言葉はなかったが、不思議と嫌な気持ちにならない。改めて中村のライチョウにかける情熱を知ったからだ。

中村の趣味は登山ではない。ライチョウの調査では、山登りが必要だから登っているだけだという。もし、ライチョウがペンギンのように水中に潜って餌の魚を捕まえる鳥ならば、潜水士の資格を取って水中で自在に動き回れるように腕を磨くだけだと言い切る。

今回、中村は、私と杉本を同行取材するメディアというより、調査員と考えていた。ライチョウ取材の現場に行くには、登山の体力と経験が必要となる。メディアの一員だからといって、中村は無条件に同行取材を許可することはない。ここへきて、中村のお眼鏡にかなったうれしさも感じていた。

長年、私はスポーツ記者として高校野球や大学野球、大相撲などの格闘技の取材を続けてきた。現場は、球場や国技館などだ。長野総局に転勤後も県庁や市役所などの行政ネタの取材は単調な作業だと感じていた。だが、ライチョウの取材は、私の趣味でもある登山とセットになっている。学生時代から続けてきた登山を仕事に生かすことができるのだ。

さらに、ライチョウ取材は私の狩猟本能を呼び覚ました。イワナやヤマメなど渓流釣りも私の趣味の一つだが、ライチョウの生息調査は釣りのポイントを探す行為にとても似ている。どんな場所に魚が潜んでいるのかわからなければ、釣果は伸びない。ライチョウも同じである。

ライチョウの生態を理解していなければ、ライチョウを見つけることはできない。

ライチョウの現場取材は、これまでの取材にはない困難さがあり、忍耐が求められる。一日中、ハイマツをかき分けて探し続けても、一羽も確認できないことさえある。だからこそ、ライチョウを見つけた時の喜びは大きい。登山者として偶然ライチョウに出合った時の感動とは比べものにならない。また、中村の調査を手伝うことが、ライチョウの保護活動にわずかでも役立つことになると信じているので、通常の取材活動では味わえないやりがいもある。


取材を通じて、ライチョウが生息する高山環境が危機的な状況に変わりつつあることを実感した。稜線で何度も目撃したニホンザルの群れ。センサーカメラに記録されたテンやキツネなど平地の動物が高山帯まで侵入している現状。ライチョウの北限の生息地の火打山では、温暖化の影響で平地のイネ科植物が高山帯に繁茂し、ライチョウの餌となる高山植物の群落が壊滅状態となっている。

ライチョウを取材して記事にすることは、いま北アルプスなどの高山で起きている環境の変化を伝えることにつながるのではないか。こう自分に言いきかせ、中村の次の調査に同行することが待ち遠しくなった。

第六章　テレビ番組

ライチョウ取材で、私は新たなチャレンジを迫られた。二〇一五年の年末だったと思う。長野総局で原稿を書いていると、総局長の薮塚謙一《やぶつかけんいち》が笑顔を見せながら近づいてきて、ある提案をした。その内容は思いもよらないものだった。

「近藤さん。ライチョウをテーマにしたテレビ番組をつくってみませんか。近藤さんの能力は『フロントランナー』で実証済みです。その能力をさらに飛躍させましょう」

いとも簡単なことのように言うのだが、私はテレビ番組なんてつくったことはない。何から始めればいいのか見当もつかない。いったい、なんでそんな突拍子もないことを言い出すのだろう。薮塚の真意が理解できなかった。

普段は明るくて騒がしい薮塚だが、時々、シリアスな表情を見せることがある。この時もそうだった。

「近藤さん、新聞社の仕事は紙面をつくることだけではないと僕は思っています。これまで長野総局は、長野朝日放送との協業をほとんどしてきませんでした。我々が第一号になりましょう」

我々とは、私と薮塚なのか。一見、強引すぎると思われる提案だが、この時は薮塚の言葉が、素直に私の頭の中に入ってきた。

以前から私は新聞原稿について、ある限界を感じていた。「フロントランナー」の原稿で、それが浮き彫りになったと感じていた。

例えば、中村が考案した「ライチョウ釣り」や「ケージ保護」という言葉だ。当時、朝日新聞の記事は一行一二字で構成されていた。原稿用紙三枚分にあたる一〇〇行の記事は、読者からするとかなり長く感じられるが、どんな名文記者といえども、一〇〇行の文章で、この二つの言葉の意味を正確に簡潔に表現することは難しいのだ。しかし、テレビで動画を見せれば十数秒もあれば視聴者に伝わるはずだ。

ケージ保護のように一般的でない言葉をわかりやすく伝えるには、悔しいけれど、文章は映像には勝てない部分があることを認めざるを得ない。

ましてや、ライチョウが生息するのは北アルプスなどの人里離れた高山帯である。夏でも残雪が残る日本アルプス。咲き乱れる高山植物のお花畑。ライチョウはこうした特殊な環境で生活している。紙幅の限られた新聞記事ではなかなか伝えきれない。映像だと見たままで視聴者にたやすく理解してもらえるはずだ。

「フロントランナー」の原稿を書きながら抱き続けていたもどかしさが、薮塚の提案で一気に氷解していくような感覚を覚えた。テレビ番組の中でもドキュメンタリー番組だったら、ライチョウの保護について、新聞記事以上の作品がつくれるかもしれない。テレビについては、ニュース原稿さえ書いたことはなかったが、正直なところライチョウの番組をつくることに興味が湧いた。

薮塚が具体的に提案してきた番組は、テレビ朝日系列で放送されている「テレメンタリー」だった。約三〇分のドキュメンタリー番組だという。

テレビ朝日のサイトには、「テレメンタリー」の説明がある。

「テレビ朝日系列の全国24社が共同で制作するドキュメンタリーです。週替わりでテレビ朝日系列の各局が制作を担当し、独自の視点で制作しています。ご期待ください」（テレメンタリー2024）

番組制作には、まず企画書が必要となる。

サルがライチョウのヒナを捕食する写真や火打山で撮影したライチョウの写真を貼り付け、ワードで企画書を書いた。これまでの取材経験を基に国の特別天然記念物・ライチョウが危機的な状況に置かれていることと、ライチョウの保護に情熱を燃やす信州大学名誉教授の中村浩志を「二本柱」に選んだ。仮タイトルは「テレメンタリー二〇一六企画書〝神の鳥〟と会話できる男〜二万年の奇跡を生きたライチョウを救え」と書いた。

企画書が完成したのは、二〇一六年四月だった。テレビ朝日の系列局から出された「テレメンタリー」の企画書は、テレビ朝日で行う会議で、系列各局のプロデューサーがプレゼンテーションをして選ばれる。採用されれば、番組枠と制作費が確保される。四月に提出された私の企画書は無事採用され、この年の五月から撮影が始まった。

長野朝日放送では、ディレクターの山口哲顧《てつみ》が番組担当となった。一九九八年、山口は特別番組で中村を取材したことがある。鳥類学者としてフクロウの研究をしていた中村を取り上げた。その後も、軽井沢のツキノワグマや「温泉に入るサル」で知られる長野県山ノ内《やまのうち》町の地獄谷野猿公苑のサルなど、何本かネイチャーもののドキュメンタリー番組を制作した経験があった。ただ、山口にとって、「テレメンタリー」は久々のネイチャーものになる。このころ、山口はドキュメンタリーや情報番組を扱う制作部から、ニュース中心の報道部に異動したばかりだった。

企画書を読んだ山口は、サルがライチョウを捕食したニュースは知っていたが、ここからドキュメンタリー番組の制作につながることまでは考えが及ばなかったと言う。私との打ち合わせで、企画趣旨を聞き、彼が最初に思いついたのが、センサーカメラで動物の撮影にチャレンジすることだった。

以前、山口はセンサーカメラを使うことで番組に深みを持たせた経験がある。その時に比べてカメラの性能は格段に向上している。ライチョウを撮ることが第一だが、天敵のテンやキツネなどの映像があれば、ライチョウの置かれている状況をより詳しく描くことができると思ったという。

ただ、撮影のほとんどは標高二〇〇〇メートル以上の高山帯となる。真夏でも悪天候になれば、稜線の山小屋ではストーブで暖をとるほどだ。山の天候は変わりやすく、ゴアテックスの雨具は欠かせない。撮影機材は重い。平地の撮影と違って様々な悪条件が重なってくる。カメラマンには、若手で体力のある沖山《おきやま》穂貴《ほだか》が選ばれた。

企画書の中で山口が注目したのは、「保護・増殖の解決策は」だった。環境省は、地域絶滅の危機に瀕している南アルプスの北岳周辺で、前年の二〇一五年からケージ保護をスタートさせている。標高三一九三メートルの北岳は富士山に次ぐ日本第二位の高峰。「日本百名山」の一つでもあり、登山者にとって憧れの名峰だ。一九八一年の調査では、北岳周辺のなわばり数は六三だった。それが、二〇〇四年には一八、二〇一四年には八つまで激減。中村は「このままでは地域絶滅の恐れがある」と、環境省に働きかける。そしてケージ保護でライチョウを増やすことが国の事業として正式に決まった。

山口は、私の説明を聞き、ケージ保護に興味を持ってくれた。

ドキュメンタリーの撮影は、ケージが設置してある標高二九〇〇メートルの北岳山荘まで、孵化直後のライチョウ家族を誘導するシーンから始まった。ケージへの誘導は、ライチョウを捕まえて運んだりしない。人が母鳥とヒナを驚かさないよう、ある時は「壁」になって、またある時は、「優しく追う」ように付き添いながらケージまで一緒に歩く。一度でもライチョウを驚かせてしまったら、ケージ保護はできない。中村は、「ライチョウと人の信頼関係、特に母鳥との信頼を築くことが最も大切なのです」と言う。

ケージ保護の難しさは、ヒナが孵化した直後から始まる。

六月上旬から七月上旬、母鳥が抱卵を始めてから約二二日後、ヒナが一斉に孵化する。翌日には、母鳥とヒナは巣を離れて子育てを始める。

ケージへの誘導は、孵化直後のタイミングがベストだ。このタイミングを逃さないため、抱卵中の巣の探索を怠るわけにはいかないのだ。

「何人で取材に来ますか」

山口は、北岳のケージ保護の同行取材を申し入れた際、中村から返ってきたこの言葉が、後で重要な意味を持つとは思わなかった。

ライチョウ家族をケージに誘導する撮影に入ってから、初めて中村の真意がわかった。

ケージ保護は、番組の中でも重要なシーンの連続でもある。できる限り撮影は続けたい。だが、中村は撮影班をケージ保護スタッフの一員と考えている節があった。強風の中、ケージまでライチョウ家族を誘導する際、強風が吹き付けるとヒナたちは飛ばされそうになる。そんな時、スタッフたちは寝そべるような姿勢になって風よけの役目を果たす。一人でも手伝ってくれるスタッフが多い方が助かるのだ。

ケージに入れる時が最も重要だ。

「ここからがゆっくりだよ。ヒナを前に出して」

中村がスタッフにきめ細かく指示を出す。

山口たちには、「十分映像は撮ったでしょう。手伝って」と要求する。ケージに誘導してからも、「これ以上撮影を続けるとライチョウのストレスになります。ここで打ち切ってください」と釘《くぎ》を刺す。

七月上旬、ライチョウ家族を一キロ先のケージまで誘導した。

中村はあくまでライチョウの意思を尊重する。ライチョウが餌にしているのは主に高山植物だ。昆虫などのタンパク質と違って栄養的には効率が悪い。母鳥もヒナも四六時中、高山植物をついばんでいる。

決してライチョウを追い立てたりしない。そんなことをすれば、母鳥が人間を敵とみなしてしまう。ライチョウが進むべき方向の横で、人間が壁となって誘導路をつくるのだ。その道をライチョウ家族が移動することになる。とにかく、我慢強くライチョウたちが自らの意思で歩くよう仕向けるのが、ケージ保護の第一歩なのだ。この時、ライチョウ家族をケージに移動させるのにかかった時間は、なんと一一時間に及んだ。

山口は、山小屋に泊まって中村と生活するうち、中村が、ある種の狂気に似た性格を秘めていると感じるようになった。

中村は、強風が吹く大雨の中でも、ケージ保護の作業を淡々と続ける。また、ライチョウを驚かすなど不手際をしたスタッフには容赦なく怒鳴り散らす。だが、作業が終わって山小屋での団欒《だんらん》となると、笑顔の好々爺《こうこうや》に変わる。ライチョウと接すると、別のスイッチが入るようだ。その豹変ぶりに中村のライチョウ保護にかける真剣さを垣間見た気がした。

当初、山口は私を何回か撮影ロケに同行させて、番組のナビゲーター役をさせようと考えていたそうだ。だが、そのアイデアは最初のロケで消し飛んだという。

「中村先生のキャラは強烈でした。近藤さんには悪いけど、これを生かさない手はないと思いました」

山口は申し訳なさそうに話すが、こちらとしては願ったり叶ったりの気分である。テレビに出演するなんて、全く自信がないのだから。

中村は、「一番弟子」ともいえる東邦大学研究員の小林篤には、特に厳しかった。小林が別の家族をケージに誘導していた時、中村が現場を離れていた。ヒナがハイマツの中に入ってしまい、行方不明になった。

小林はあわててハイマツの中でヒナを探し続けた。夕暮れが迫る。サルの群れも稜線に上がってきた。離れた場所で、別の作業をしていた中村は異変に気づいて小林たちの様子を見ていた。状況がわかり、あわてて戻ってくると、小林を呼び止めて怒鳴った。

「小林は僕に比べたら半人前以下だからね。それを自覚しないとダメだよ。一人前のように思っているから」

普段は君《くん》付けしている小林を呼び捨てにし、カメラの存在に気づいているにもかかわらず大声で叱る。さらに、ハイマツの茂みに入ってヒナを探す小林の様子を見ていらだちが増す。小林が不用意に歩き回っていたからだ。

「一番基本じゃないか。そんなにみんなでガサガサ探したら、ヒナがうずくまって見つからない。ハイマツから離れろ。離れて座る」

中村の言う通りに小林が座ってじっとしていると、ハイマツの中からヒナの鳴き声が聞こえた。小林がハイマツの茂みに分け入って声のするあたりを探すと、見つけることができた。ヒナを両手で優しく包み込み、無事に救い出す。一部始終を撮影していた山口は、こう振り返った。

「もうヒナは見つからないと思っていたけど、中村先生の言う通りになった。凄《すご》い人だなと感じました」

端《はた》から見ていると、まるで中村が瞬間湯沸かし器さながらに癇癪《かんしゃく》を起こしたように見える。それまで私が知っている中村とは別人といえるほどの豹変ぶりだった。後日、中村にこのシーンを確認すると「冷静に怒っていますよ」と即座に否定された。

ヒナが一羽でも行方不明になれば、ケージ保護をする意味がない。行動には細心の注意が必要だ。過去にスタッフが誤ってヒナを踏みつけた例もある。

長年、中村と小林はコンビを組んでケージ保護のシステムをつくり上げてきた信頼関係がある。自分の背中を見て学んできたはずだ。こんな基本的なことも、まだわからないのか。怒る時に君付けしていては、小林には事の重大さが伝わらない。だから、厳しい口調になる。これは、中村が恩師・羽田健三から引き継いだ指導法でもある。それだけ小林には期待しているからこそ真剣に怒るのだ。

中村が小林に対してもどかしさを感じることは多い。

北岳のケージ保護が始まった二〇一五年七月のことだ。三〇〇〇メートル級の高山の稜線では強風が吹き荒れることは珍しくない。登山客が寝静まった深夜。ケージが吹き飛ばされると思えるような風が吹き始め、中村は目を覚ました。小林は熟睡している。教え子といえども、夜中にたたき起こしてつらい作業を手伝わせるわけにはいかない。

激しい雨が降りしきる中、雨具を着込み一人で北岳山荘から約二〇〇メートル離れた二つのケージまで走った。ケージの屋根部分に重しの石を載せ、雨風対策のブルーシートをしっかり留めたりしてケージを安定させた。

山荘に戻ると、ずぶ濡れで体の芯まで冷え切っていた。ライチョウを守るため、時には体を張った行動が必要となる。ケージ保護期間中、夜中の作業を何度も経験した。言葉で説明するのは簡単だ。だが、小林には自分の背中を見て学んでほしいと思う。

中村にとって、ライチョウを守ることが全てなのだ。他人の評価は気にしない。自分がどう思われようが関係ない。その姿勢は、番組撮影班である山口たちに対しても変わりがない。

小林とのやりとりを撮影していると、いきなり中村が振り向いて叫んだ。

「見ていないで手伝ってよ。何やっているの。本当に気がきかないんだから」

カメラマンの沖山は、怒鳴られながらも登山道にカメラを回したまま置き、中村の怒りを映像に収めることを忘れなかった。これまで、中村に遠慮して、怒っているシーンは、なかなか撮れなかった。挽回しようと考えていたので、いいタイミングだと考えたのだ。

映像には、山口が中村に謝る音声もしっかり収録されている。

「やっていますよ、先生。すみません」

山口が小林に、中村の人柄などを聞くシーンは説得力がある本音が出ていた。

「もう大変ですよ。良くも悪くも妥協のない方です。ご自身に対しても、他人に対しても、そうですよ」

中村との付き合いには、ひたすら耐え忍ぶことも必要なのだ。そういえば、小林と初めて会った乗鞍岳の取材で彼から聞いたことを思い出した。
「僕はほかの大学から信州大の中村先生の研究室に来ましたが、カルチャーショックを受けるほど指導は厳しく強烈なものでした。ほとんどの学生が耐えられないとこぼしていました」

ケージ保護の密着取材をしていると、連日のように、新たな事件が起きた。家族をケージから出して散歩させているときのことだ。「クワッ、クワッ」。母鳥が警戒音を出した。ヒナたちは一斉にハイマツの中に隠れた。カメラは上空の鳥を捉えた。猛禽が一羽、ホバリングしながら下の様子を見ていた。ハヤブサ科のチョウゲンボウだ。もともと高山にいなかったチョウゲンボウが高山にまで行動域を広げ、ライチョウのヒナを狙うようになった。だが、今回はケージ保護のスタッフがいるため、チョウゲンボウはヒナを襲うことはできない。山口は、新たな天敵の姿をしっかりと映像に収めることができた。

ケージ保護の難しさは、ライチョウ家族のケージへの収容だ。散歩のため、ケージから外に出す時、ヒナたちは喜んで飛び出してくる。ただ、夜間や天候の急変など通常とは違ったタイミングでライチョウ家族をケージに入れなければならない時は、しばしば入るのをためらう。ある時、母鳥がケージに入るのを嫌がり、ヒナを先に収容したことがあった。母鳥は近くにいるが、なかなかケージに入ろうとしない。人間と鳥との根比《こんくら》べが続いた。ところが、焦る一方のスタッフたちとは対照的に、中村は余裕を見せていた。

「ライチョウの母鳥はヒナを絶対に見捨てません。こちらはヒナを人質にとっているので、必ず収容できます」

約三週間に及ぶケージ保護が終盤を迎えるころ、ライチョウたちはケージ保護生活にも慣れてきた。終盤には、成長して飛べるようになったヒナたちが、ケージの入り口まで羽ばたいて入ってくるまでになった。ケージが安全で中に餌もあることを知っているようだった。

ケージ保護期間を終え、ライチョウ家族を元のなわばりに放鳥する前日の七月一六日、予想もつかない出来事が起きた。

朝、ケージの様子を見に行ったスタッフが異変に気づいた。木枠と金網で作ったケージには、ライチョウたちが羽ばたいたりした際、けがをしないよう布製のネットが内側に張ってある。母鳥がそのネットから飛び出し、金網との間に挟まっていた。さらに驚いたのは、ケージの木枠に母鳥のものと思われる血の痕がついているうえ、母鳥の左足の指の一部がかみちぎられていたことだ。

状況を確認した中村は「テンかキツネが来たのだ」とつぶやいた。

この時、母鳥のけがの原因究明に威力を発揮したのは、山口が設置したセンサーカメラだった。パソコンで映像を再生すると、驚くべきシーンが記録されていた。午後一一時一五分、暗闇の中から現れたテンの姿をカメラは鮮明に捉えていた。その後、テンはケージの金網越しに、何度もライチョウたちに襲いかかったのだ。

母鳥は、テンを追い払おうと反撃に出る。この時、勢い余ってネットから飛び出してしまった。ケージとネットの狭い空間に入り込んでしまったが、母鳥は反撃をやめなかった。テンは約二時間、執拗《しつよう》にライチョウをケージの外から襲い続ける。ネットから出た母鳥の足の指をかみちぎった。中村は初めて見る映像に驚きを隠さなかった。

「母鳥のヒナを守ろうという母性本能は本当に凄いね」

ライチョウの急激な生息数の減少の原因について、それまで中村は天敵の増加を挙げていた。だが、その根拠はテンやキツネの高山帯での目撃情報の増加など、いわゆる状況証拠ばかりだった。あくまでも仮説の域を出ない。今回、山口が撮影した映像は、テンがライチョウを襲うという「動かぬ証拠」となった。

中村は、かねてライチョウの保護増殖には天敵の捕獲が必要と訴え続けていた。だが、マングースやブラックバスなどの外来種と違ってテンやキツネは在来種である。ましてや中村が主張する捕獲場所は、自然公園法で厳しい規制のある国立公園の特別保護地区である。環境省としては、テンがライチョウを襲う確実な証拠がなければ、捕獲を認める根拠がない。中村の仮説だけで動くわけにはいかなかった。

かつて中村が南アルプスでシカによる高山植物の食害を防ごうと、環境省にシカの駆除を要請しに行ったときのことだ。担当の職員は「シカが高山に上がるのは、自然の摂理。国立公園内での捕獲は認められない」と全く聞く耳を持たなかった。シカが高山植物を食い荒らしている写真さえあるのに、行政は動かない。

だが、今回ばかりは違う。実際にテンがライチョウを襲っている証拠をつかんだのだ。この映像は、環境省なども注目し、北岳周辺でのライチョウの天敵の捕獲を後押しすることになる。テレビ局が撮影した映像が貴重な記録となった形だ。山口は、山中での撮影に計二八日を費やしたロケを無事に終えた。

「テレメンタリー」は九月二四日、長野朝日放送で放送され、翌日には全国で放送された。映像を見た私は、素直に感動した。

自分が書いた企画書をはるかに超えた内容だった。

ライチョウの生態やケージ保護などの詳細な記録映像はもちろんだが、番組全体から中村の狂気ともいえる情熱が伝わってくる。私は、中村とは取材で何度も会っていたが、それまでに見たことがない、まるで人格が変わったように怒鳴り散らす姿に圧倒される。テレビカメラの存在など全く意識しない中村。撮る側も撮られる側も、まさに真剣勝負の映像だった。

抑揚を抑え、淡々と説明するベテランアナウンサーの語りも、ライチョウの置かれている危機的な状況を訴えるのに効果的だった。映像の力はこれほどまでに凄いのかと脱帽せざるを得なかった。

番組の感想を伝えると、山口は自身のドキュメンタリー論を語ってくれた。

「現場に行けば、何かしら撮影対象はあります。しかし、ちゃんと観察しないと、いい映像は撮れません。物事は成功すればいいってものじゃないのです。紆余《うよ》曲折があった方が面白いし、時には迷走した方がいいのです。中村先生のように、人は怒った方がいいのです」

二〇一七年秋、日本民間放送連盟は、長野朝日放送制作の「雷鳥を守るんだ〝神の鳥〟その声を聴く男」を、二〇一七年の日本民間放送連盟賞「テレビ報道番組部門」で優秀賞に選んだ。長野朝日放送では初受賞の栄誉となった。

第七章　ライチョウを増やす

ライチョウ取材の二年目。私は、環境省が進めるライチョウの保護増殖事業の取材を本格的に始めた。

取材を通じて知り合った中村と懇意になり、ライチョウの生態などを学んでいた。気持ちとしては新聞記者としてではなく、まるで中村研究室のゼミ生になった感覚だった。中村は私の母校・信州大学の名誉教授でもある。専門は私が卒業した農学部とは異なるものの、広い意味では恩師といえるのかもしれない。

学生時代、私は卒業論文も書かずに授業をサボりまくっていた。就職することへの不安もあり、インドやパキスタン、アフリカなどを放浪して卒業後の人生を考えたこともある。中村の取材を続ける中で何度も彼の講演を聴くうち、こんな面白い勉強があったのか、大学の授業とは全く違うなと感じ始めていた。

二〇一六年五月一二日、長野市の環境省長野自然環境事務所からリリースが届いた。概要には「北アルプス・乗鞍岳で、動物園での人工飼育に向けて産卵期のライチョウの卵を採取し、上野動物園に運ぶ」と書かれていた。

目的は、ライチョウの人工飼育である。乗鞍岳の野生のライチョウの巣から有精卵を採取し、動物園に運んで人工孵化をさせる。誕生したヒナを飼育し、人工繁殖させて増やすという。計一二卵を採取し、上野動物園、富山市ファミリーパーク、長野県大町市の大町山岳博物館の三施設に運ぶ計画である。

それまでのライチョウ取材は、中村へのインタビューや同行取材が中心だった。今回、初めて環境省のライチョウ保護事業の取材をする。より詳しくライチョウの生態を知る必要に迫られた。

ライチョウ関連の書籍を何冊か購入して熟読したほか、大町山岳博物館の展示室でライチョウの剥製をじっくり観察した。また、朝日新聞の記事データベースや環境省のサイトなどからライチョウの保護政策などを調べた。

資料を繰り返し読み、環境省が取り組んでいるライチョウの保護増殖事業の全体像が理解できた。二〇一二年八月、環境省が公表した第４次レッドリストで、ライチョウは、絶滅の危険が増大している「絶滅危惧Ⅱ類」から、近い将来に絶滅の危険性が高い「絶滅危惧ⅠＢ類」にカテゴリーが引き上げられた。

この状況を受け、環境省は文部科学省、農林水産省とともに、「絶滅のおそれのある野生動植物の種の保存に関する法律（種の保存法）」に基づく「ライチョウ保護増殖事業実施計画」を策定した。つまり、国を挙げて特別天然記念物のライチョウを保護するだけでなく、増やしていこうという方針が決まった。中村の度重なる訴えに、やっと国が本腰を入れた形だ。

中村はかつて、レッドリスト作成に関わった複数の委員から平然とした顔で言われたことを忘れていない。「生息数が二桁（一〇〇個体以下）にならないと国の保護増殖事業の対象になりませんよ」。中村は耳を疑った。当時、ライチョウの生息数は三〇〇〇羽とされていたので、このままでは保護の対象になりません、と言われたようなものだ。

一〇〇個体以下というのは、ほぼ絶滅に近い数字といえる。つまり、危篤状態になれば治療するが、それまでは何もしないで放っておくと言っているに等しい。

トキとコウノトリの例は、ライチョウの保護にも警鐘を鳴らしていると、中村は考える。一度絶滅寸前まで追い込まれた鳥を人間の手で復活させるのは、困難極まりない。

日本のトキは、江戸時代には全国に広く分布しており、珍しい鳥ではなかった。明治以降、乱獲や農薬の使用で餌がなくなるなどして激減。一九七〇年代には新潟県の佐渡島にわずか一〇羽程度が生息するのみ。一九八一年、五羽となった野生のトキを全て捕獲して人工繁殖を試みたものの、すでに手遅れだった。二〇〇三年、最後の個体の「キン」が死亡し、日本のトキは絶滅する。

コウノトリの絶滅はトキより早い。一九七一年、兵庫県豊岡市にいた最後の一羽が死に、野生のコウノトリは日本からいなくなった。その後、トキは中国から、コウノトリは旧ソ連などから贈られた個体をもとに人工飼育に成功して野生復帰できるまでに回復している。

だが、絶滅した後、外国産のトキやコウノトリを人工飼育して野生復帰させることが、本当の意味で保護増殖策なのだろうか。二桁になってから、あわてて保護をしても遅いのだ。ライチョウは、数が激減したとはいえ、まだ五つの山域に個体群が残っている。絶滅した場合、日本の高山帯で特殊な進化をしたライチョウの代わりになる鳥は外国にはいない。今のうちに有効な保護増殖の対策を確立しておけば、トキやコウノトリの二の舞いは防げるはずだ。

TBS番組「どうぶつ奇想天外！」などへのテレビ出演で知られる動物学者の故千石《せんごく》正一《しょういち》は、かつて「リベット論」を唱えた。

彼は地球を生き物を乗せて飛んでいる飛行機にたとえる。飛行機は、頭の大きな釘のようなリベットで翼や胴体などの部材を接合している。リベットを生き物の種とみなす。仮にリベットが一つ抜けても飛行機は落ちないが、抜け続ければ最終的に墜落する。

これと同じことが地球規模の生態系でも起きるという。生き物が少なくなると、全体の生態系が崩れ、どうにもならなくなる時期が来る。その時は、人間も含めて地球生態系が完全に壊れる。だから、種の絶滅はこれ以上起こしてはならないというのだ。

事業の目標や内容は、中村の研究や調査の結果を反映したものだった。特にライチョウの生息数については、中村の恩師の羽田健三が一九八〇年代に発表した推定値と、中村が二〇〇〇年以降に実施した調査結果を比較していた。

この計画を実現させるため、有識者と行政関係者らでつくる「ライチョウ保護増殖検討会」が発足した。中村も検討会の委員となり、専門家の意見を踏まえて「第一期ライチョウ保護増殖事業実施計画」が発表された。計画期間は二〇一四年四月から二〇一九年三月の五年間と定められた。計画では、ライチョウの生息地で保護する「生息域内保全」と、動物園などで人工飼育・繁殖させる「生息域外保全」の大きな「柱」が決められた。

二〇一四年五月、環境省は、日本動物園水族館協会と協定を結び、ライチョウの人工飼育で互いに協力することを確認した。乗鞍岳での採卵は、この協定に基づいての「生息域外保全事業」となる。

ライチョウ研究者で、中村ほどフィールドワークを実践している人物はいない。ケージ保護や生息調査などの方法は、中村が考案し、培ってきた技術ばかりだ。計画そのものが、中村の存在なしでは成立しない。必然的に「域内保全」「域外保全」とも、中村が現場で指揮することになった。

二〇一六年六月四日、乗鞍岳で早朝から行われたライチョウの採卵作業を取材した。卵の採取の様子を現地で取材できるとあって、新聞やテレビなどメディア関係者が大勢参加した。

中村が現場で指揮を執っていた。作業を担当したのは、ともに中村の教え子である環境省の福田や東邦大学研究員の小林たちだった。卵の採取場所は標高二七五〇メートルの高山帯。中村と小林が、報道陣を巣に案内する。登山道から背丈が低いハイマツをかき分けて歩き、五〇メートルほど分け入った茂みの中に巣があった。

巣は、直径二〇センチほどのくぼみのような形だった。内部にはハイマツの枯れ葉が敷き詰められている。卵は四個。小林が一個を慎重に取り出してチェックをしながらプラスチックのケースにそっと入れた。

私はこのとき初めてライチョウの巣を見た。ライチョウの卵は写真でさえ見た記憶がない。大きさは、ニワトリの卵より小さく、ウズラの卵より大きい。手のひらにちょこんと載るサイズだ。茶色の下地に黒褐色の斑点があった。模様はウズラの卵に似ていると感じた。

ライチョウは隠れるのがうまい。登山中も突然現れる。まさか、登山道脇のハイマツの中に巣を作るなんて考えたこともなかった。現場でライチョウの巣や卵を確認できる取材は、実際に体験してみると感動する。動物園で飼育しているライチョウの巣を見るのとは訳が違う。

さらに中村は、記者一人一人に巣と卵を撮影させ、どんな質問にも丁寧に答えていた。テレビ局には、一社ごとにカメラの前に立ち、同じ質問にも嫌な顔を見せることなく対応し続けている。私は、中村のしたたかなメディア戦略を垣間見た気がした。長野朝日放送が制作した、中村に密着したドキュメンタリー番組と違って、事前に日時や内容が設定されたテレビ取材では、温厚な研究者の姿を演じてみせる。私たちメディアは、中村の手のひらの上で、まるで彼がライチョウを自在に扱うように踊らされているのではないか。計算しているのかどうかわからないが、意外としたたかな人物だと思うようになった。

ライチョウのメスは通常、六～七個の卵を産み、全て産卵した段階で抱卵を始める。四個だと、まだ産卵途中で、母鳥は次の卵を産む時まで巣を離れる。採取は母鳥が巣を離れたタイミングで行った。自然への負荷を軽減するため、一つの巣から一～二個を採取する。中村によると、「一～二個だったら、減った分を追加してメスが産卵する可能性が高い」という。

採取した一卵と前日に採った三卵の計四卵は、卵の発生（成体になること）が進まないよう一〇～一一度の低温に保った保温庫に移し替えられ、車で上野動物園に搬送する。上野動物園の高橋幸裕《ゆきひろ》主任は「大切な野生の卵を預かっているので、動物園のスタッフが一丸となって取り組みます」と話した。

乗鞍岳でライチョウの卵を採取するのは、前年に続いて二回目の試みとなる。前年は、上野動物園と富山市ファミリーパークの二施設へ、それぞれ乗鞍岳から五個の卵を採取して運んだ。ライチョウ保護増殖事業の取り組みとして、初めて各施設で人工孵化を試み、人の手でヒナを育てる計画だ。上野動物園では五卵全てが孵化し、ヒナが順調に育って関係者は喜んだ。だが、二カ月後、五羽が次々と突然死して全滅した。富山市ファミリーパークでは三羽が成長したが、全てオスだった。生き残ったオス三羽だけでは、繁殖ができない。

このため、二〇一六年、再び乗鞍岳のライチョウの卵を採取し、新たに過去にライチョウの飼育実績がある長野県大町市の大町山岳博物館を加えた三施設で人工飼育に取り組むことになった。前年に上野動物園のヒナが全滅した反省から、飼育施設を増やして危険分散しようという狙いだった。二回目となる採卵の第一陣が上野動物園だった。この後、大町山岳博物館と富山市ファミリーパークに、採取した卵を四個ずつ移送して動物園での人工飼育・繁殖計画がスタートした。

大町山岳博物館は、北アルプス・後立山《うしろたてやま》連峰を間近に望む鷹狩山《たかがりやま》（一一六四メートル）の中腹にある。大町市が運営する施設で、ライチョウやニホンカモシカ、タヌキ、トビなど地元に生息する動物たちを飼育する付属園を併設している。

動植物を飼育・栽培する付属園を併設する博物館は珍しい。「生きた学習・研究の場」を実践する目的で、郷土の特色を生かし、展示する動植物は、北アルプスに生息する動物や自生する植物が中心だ。

また、大町山岳博物館は、国内で初めてライチョウの生態研究、人工飼育に取り組んだことでも知られている。一九六一年から中村の恩師、羽田健三らが中心になって同館によるライチョウ調査が北アルプス・爺ヶ岳《じいがたけ》（二六七〇メートル）でスタート。資金は長野県から援助を受けた。二年後、爺ヶ岳からライチョウの卵四個を採取し、人工孵化に成功。日本で初めて低地での人工飼育が始まった。だが、ライチョウの飼育は困難を極めた。博物館は標高約八〇〇メートル。ライチョウが生息する高山帯より、一五〇〇メートル以上も低い。高山に比べて真夏は気温が高くなり、本来、ライチョウの生息に適さない環境だった。ヒナの体温維持やエサの問題など試行錯誤が続く。さらに、初期は冷房設備さえなかった。

一九七〇年、冷房機を備えた人工気象室が完成した。飼育舎の温度管理が可能になり、次第に飼育下での繁殖に成功するようになった。一九八六年には、五世代目のヒナが誕生するまでになった。

一時は、野生復帰が可能になると思われるほど成功したかに見えた。しかし、その後は不調の連続だった。二〇〇四年、飼育下で最後のオス一羽が死に、四〇年に及ぶ日本で唯一のライチョウの人工飼育が幕を閉じる。

二〇一六年、大町山岳博物館では念願だったニホンライチョウの人工飼育を一二年ぶりに再開することになった。六月二一日、乗鞍岳で採取されたライチョウの卵四個が移送され、その後、オス・メス各二羽が無事に孵化する。ヒナたちはすくすくと育っていった。

ライチョウの保護増殖事業は、霞が関の環境省本庁ではなく、長野自然環境事務所（当時）が担当する。同事務所で野生生物課係長の福田が、この重責を担っていた。福田は、南アルプス・北岳でのケージ保護や乗鞍岳でのライチョウの有精卵の採取など、動物園まで巻き込んだ業務にかかりきりになり多忙を極めていた。

福田は東京都稲城《いなぎ》市で生まれた。幼いころから自然の中で遊ぶのが好きな少年だった。中学一年のとき、冒険家の三浦雄一郎の野外学校に参加し、西表島《いりおもてじま》で約一〇日間のキャンプを体験する。中学三年になると、北海道の知床半島をシーカヤックで周回するなど得がたい経験もした。

ところが、高校生になると「自分は何のために生きているのだろう」と悩み始めた。学校をさぼりがちになり、ほとんど勉強をしなくなった。高校を卒業したら就職するつもりだったが、両親の勧めで大学進学を決めた。大学四年間で人生を決めよう。モラトリアムの期間がほしかったのも、進学を決めた理由の一つだという。

高校時代に勉強をさぼったツケで学力が及ばず、浪人生活を送った。浪人二年目。朝日新聞に掲載された中村の記事をむさぼるように読んだ。カッコウの研究者という。なんだかとても楽しそうな研究をしているように感じた。勤務先は長野市の信州大学教育学部と書かれていた。

中村のもとで大学生活を過ごしたい。志望校を信州大学に決め、すぐ中村に手紙を書いた。届くと思っていなかった返事がきた。文面には「信州大学に入学されるのを待っています」とあった。

信州大学に進学後、希望通り中村の研究室へ入ることができた。中村の本業は、カッコウの研究だと思っていたが、中村はライチョウの研究・保護活動に本腰を入れ始めていた。乗鞍岳の生息調査では、何度も中村に同行する。ライチョウを捕獲し、個体識別用の足輪を着ける作業が中心だった。

中村の研究方法は、ひたすらデータを集めることに尽きる。乗鞍岳では雨の中、日が暮れて真っ暗になっても調査が終わらない。福田と一緒に調査に参加した女子学生が低体温症寸前にまでなったこともある。中村のライチョウ研究にかける情熱はすさまじかった。

大学でも中村の指導は厳しかった。学生に対し、妥協や甘えは一切許さない。週二回、ゼミの発表で学生たちは頭ごなしに否定された。毎回、新しい課題を求められる。福田も中村の厳しい指摘に何度も心が折れそうになる。

「中村先生の厳しさについて、研究室の先輩たちからよく聞かされたのは『褒められることに飢える』ということでした」

福田は学生時代、中村から唯一褒められたと思われる出来事を今も鮮明に覚えている。登山を伴う高山帯がフィールドとなるライチョウ調査は、みんなが嫌がった。福田は、中村に「強制連行」されるうち、ライチョウを見つけるのがうまくなった。目の届く範囲にライチョウがいれば、百発百中で見つけられる自信を持った。

北アルプスの調査で、中村と走って下山している最中、履いていた安物のトレッキングシューズの靴底が剝がれた。下山後、中村は、ポケットマネーで二万五〇〇〇円ほどの登山靴を福田に買ってくれた。通常、中村は学生には研究のための費用など出さない。福田は「ライチョウ調査のエキスパートになったご褒美だったと思います。この靴は今でも修理しながら使っています」と誇らしげに言う。

中村にこのエピソードを確認すると、笑顔で答えてくれた。

「福田君はね、研究室の学生の中でも特にライチョウ調査を熱心にやってくれました。調査では本格的な登山が必要だったから、見かねて登山靴を買ってあげたのです」

福田に中村の回答を伝えると、少し驚いた表情を見せた。

「今、振り返ると中村先生が求めるレベルが高すぎました。でも、社会人になって、中村先生の研究室で学んだ経験が生きていると感じます」

福田が就職先に環境省を選んだのは、中村のアドバイスが大きい。国立公園などで働く自然保護官は、現場で野生動物と接する。沖縄の「やんばる野生生物保護センター」ではヤンバルクイナやノグチゲラなどの希少生物の保護に携わった。西表島では、イリオモテヤマネコの保護活動を担当した。

二〇一五年四月、福田は長野自然環境事務所に異動した。環境省が取り組むライチョウの保護増殖事業が本格化し、「中村研究室」の卒業生である福田が呼び寄せられたのだ。

「現場で指揮を執る中村先生の要望などに対応するには、ライチョウのことがわかる職員が必要だったのだと思います。沖縄で私が取り組んだ保護活動も評価されたようです」

信州大学教育学部のある長野市は、学生時代を過ごした街のうえ妻の実家もあり、福田にとって歓迎すべき人事ともいえた。

乗鞍岳での採卵を取材した一〇日後の六月一四日、環境省の発表文を読んで、私は絶句した。一緒に公開されたセンサーカメラで撮影された写真を見てさらに驚いた。平地に生息するハシブトガラスが、ライチョウの卵をくちばしでくわえ、巣から取り出している様子が写っている。鮮明な画像だった。

発表文によると、環境省は乗鞍岳でライチョウの卵を採取して動物園へ移送するため、巣を探していた。母鳥の行動など産卵状況を調べるため、巣の近くにセンサーカメラを設置していた。

五月二八日に六個の卵があった巣を、六月五日に確認したところ、卵は一つもなかった。センサーカメラのデータを回収し、映像を分析した。六月三日午前七時四五分ごろからカラスが飛来し、卵を捕食していたことがわかった。

発表文を書いた福田に確認した。乗鞍岳では一九八〇年代ごろから、高山帯でカラスが確認されるようになったという。登山者や観光客が放置した生ゴミなどにつられて、生息地でない高山帯まで上がってきたと考えられる。国内では、北アルプスの立山でカラスがライチョウの卵を捕食するのが確認されている。二〇一一年、乗鞍岳でライチョウのヒナがカラスに捕食されたのが目撃された。

ライチョウに次々と新たな天敵が現れている。福田は、ライチョウが置かれている厳しい状況に強い危機感を持っている。

「ライチョウにとって、カラスが新たな捕食者となっています。早急にカラス対策をしないと、ライチョウがますます追い詰められてしまいます」

ライチョウの取材は、毎回のように新たな事実が突きつけられる。しかも、その内容は深刻さを増す一方だ。もう待ったなしの危機的状況である。私は、多くの読者にわかりやすい記事を書くためには、ライチョウが生息する高山帯の現場に何度も通い続けなければならないと思い始めていた。

第八章　飛来メス

二〇一八年七月二一日、環境省信越自然環境事務所に一羽のライチョウの写真が持ち込まれた。確認したのは同事務所でライチョウを担当する福田だった。この時点から環境省のライチョウの保護増殖事業は、大きな転換期を迎えることになる（序章参照）。

その理由は、発見場所が半世紀前にライチョウが絶滅した中央アルプス北部の木曽駒ヶ岳（二九五六メートル）だったからだ。環境省としては、このメスのライチョウが今も中央アルプスにいるのか調査する必要がある。もし、まだ生息していることが確認されれば、早急に対策を考えなければならない。

メスが見つかった直後、福田は信州大学時代の恩師である中村に電話をかけて相談した。このころ中村は、南アルプス・北岳でライチョウのケージ保護で陣頭指揮を執っていた。中村が考案したケージ保護はこの年、環境省が進める保護増殖事業の大きな柱でもあった。

今すぐ中村と一緒に中央アルプスに行って調査をしたい。しかし、中村はケージ保護が終わるまで北岳を離れることができない。八月上旬、福田は中村に会うため北岳を登った。

福田からライチョウ発見の詳細を聞いた中村はある仮説を話した。このメスは営巣していたのではないか。動物園の飼育では、無精卵を五〇日近く抱卵していた例がある。無精卵を産んだが孵化しないため、巣を放棄したところを登山者に見つかったのかもしれないというのだ。

八月七日、福田と中村は、メスが撮影された木曽駒ヶ岳を目指した。木曽駒ヶ岳は、二六一二メートルの千畳敷までロープウエーが架かり、日帰り登山が可能な「日本百名山」として登山者に人気の山だ。

調査では、最初に撮影地点の木曽駒ヶ岳山頂付近へ行き、近くの山小屋の従業員から情報収集をした。小屋の従業員もライチョウを目撃していた。その後、ライチョウがいそうなハイマツが茂る緩やかな斜面に移動して痕跡を探す作業に移る。抜け落ちた羽根が見つかった。さらに福田は砂浴びの跡も見つけた。

間違いなく近くにライチョウがいる。

何カ所か探していると、卵の殻があった。大声で中村に知らせる。二人で周囲を調べると、卵が三個残された巣を見つけた。福田は、改めて中村の常人離れした直感力に驚いた。

通常、ライチョウの卵は褐色のまだら模様だが、この卵は白く変色している。このことから中村は、前年に放棄した巣ではないかと推測した。ライチョウのメスは毎年、営巣場所を変える。ライチョウが生息している確実な証拠を簡単に見つけられたのは、奇跡に近かった。

生息密度が高い乗鞍岳や立山と違い、広大な面積の木曽駒ヶ岳周辺にライチョウはたった一羽しかいないのだ。

実は福田も中村も、この時まで中央アルプスを訪れたことがなかった。すでに中央アルプスではライチョウが絶滅したとされていたため、登る理由も必要もなかったからだ。周囲を見渡すと、ライチョウの繁殖に必要な低い背丈のハイマツの群落が広がっている。ライチョウの餌となる高山植物も咲き誇っていた。ライチョウの生息地として申し分ない環境が整っている。メスの姿こそ確認できなかったものの、二人とも間違いなく今も木曽駒ヶ岳周辺でライチョウが生存しているとの確信を持った。すぐに何らかの保護策を考える必要がある。福田は、想像するだけで大変な作業が待っていそうな気がした。一方、中村はかつて白山で果たせなかった「復活作戦」を中央アルプスで実現させたいと考えていた。

二〇〇九年五月、岐阜・石川県境にそびえる白山で、登山者が一羽のメスのライチョウを撮影した。その後、白山自然保護センターの職員が撮影場所近くでメスを発見する。絶滅地域の白山で、約七〇年ぶりにライチョウの存在が正式に確認されたのだ。木曽駒ヶ岳のライチョウ発見から遡ること九年前のことだ。

その年の一〇月、名古屋市の中部地方環境事務所に勤務していた福田は、中村が参加した白山のライチョウ生息調査に同行した。白山は事務所の管内であり、中村の教え子の福田に声がかかったのだ。期待通りにメスを確認。雪が降る中、このライチョウが食べている高山植物を確認することができたことを覚えている。

山岳信仰の山として知られる白山のライチョウは、古くから「神の鳥」としてあがめられてきた。鎌倉時代、後鳥羽上皇が詠んだ和歌が、日本の文献で初めて登場するライチョウの記述として知られている。前述の、白山のライチョウを詠んだ和歌だ。

《しら山の　松の木陰にかくろひて　やすらにすめる　らいの鳥かな》

江戸時代までは、白山のライチョウは白山信仰によって保護されてきたが、明治末期から大正時代になると目撃例が減少した。昭和の初めの一九三〇年代には絶滅したとされている。絶滅した原因として、人による捕獲や天敵による捕食などが考えられるが、はっきりしたことはわかっていない。白山は独立峰で、多数のライチョウが生息できる高山帯の面積は広くない。何らかの原因で数が減ったのをきっかけにして、絶滅したのかもしれない。

メスの発見から三年目の二〇一一年秋、中村と彼の「教え子」の小林が白山を訪れ、このメスを捕獲して足輪を着けて血液を採取した。血液をＤＮＡ解析した結果、このメスは北アルプスから飛来した個体とわかった。

中村は、ライチョウの飛翔ルートを推測した。ライチョウは本来、ハイマツが自生する高山帯に生息している。だが、高山帯が氷雪で覆われる冬は、亜高山帯まで下りて過ごすことがわかっている。

白山と北アルプスは約七〇キロ離れている。ライチョウが一気に飛べる距離ではない。だが、冬場は日本海側気候の影響を受けて、白山と北アルプスをつなぐ山岳地帯は豪雪となる。まるで高山帯を持つ山のような純白の山容になる。中村は、山伝いに飛んでいけば、ライチョウが北アルプスから白山へ移動することは可能だと判断した。

ライチョウは孵化した翌年から繁殖ができる。特にメスは、若鳥となった秋から翌春の繁殖期までに長距離を移動することがある。近親交配を避け、遺伝的多様性を高めるためとみられる。白山のメスは、この習性に従って北アルプスから飛来したと考えられた。一方、オスは生まれた場所にとどまる性質が強い。中村は、白山にライチョウの雌雄がそろう可能性は、ほとんどないと考えている。

ライチョウのメスは、オスがいなくても巣を作って無精卵を産む。ヒナがかえらなくても卵を温め続けるが、途中であきらめて巣を放棄する。毎年、白山のメスはむなしい抱卵行動を続けていた。

ライチョウの寿命は、乗鞍岳で中村が実施した標識調査から最長でも一〇歳と考えられている。白山のメスは二〇一六年四月の目撃情報が最後になり、姿を消した。このメスが孵化した翌年に確認されたとすれば、かなり高齢の八歳まで生きていたとみられる。中村は、白山にはライチョウが十分に生きていける環境が今もあると確信していた。白山にライチョウをよみがえらせたいという思いが募る。

白山のライチョウが確認された翌年の二〇一〇年一一月、石川県金沢市で「第一一回ライチョウ会議石川大会」が開かれた。パネルディスカッションのテーマは「白山のライチョウはよみがえるか」だった。中村は、白山でのライチョウ復活作戦を提言したが、地元の理解を得るのは難しかった。「白山でなぜライチョウが絶滅したのか原因を追究し、それを除去すべきだ」「白山の自然環境を守らないと復活は難しい」などの意見が出た。復活作戦は、手がかりさえつかめない。

白山ではこれ以前にも復活作戦があった。一九七六年、環境庁（当時）が北アルプスの立山でライチョウの卵を採取し、繁殖させて翌年に白山で放鳥する計画を立てた。中村の恩師の羽田が中心となって白山で取り組むチャレンジである。だが、地元への根回しが足りず、事前の説明会で「環境庁は一方的だ」「人工増殖して野鳥保護といえるのか」などの批判の声が出て、計画は実現しなかった。

中央アルプスで一羽のメスのライチョウが発見されたのは、白山と同じケースではないのか。木曽駒ヶ岳周辺の調査を終え、福田も中村もこの結論にたどり着いた。

福田は当時の思いを振り返る。

「中村先生は、白山では地元との調整がうまくいかず、ライチョウの復活事業が頓挫したことを悔やんでいました。しかし、今回、中央アルプスでライチョウが見つかった以上、環境省としてはライチョウ復活に向けて動かねばなりません。大変なことになると思いました」

日本のライチョウは、最終氷河期に日本列島と陸続きだったユーラシア大陸から入ってきた。その後、温暖化によって北アルプスと南アルプスの高山帯に生息地と遺伝的な系統が分かれたことが判明している。半世紀前に絶滅した中央アルプスは、ライチョウ生息地の北アルプスと南アルプスの間にある。絶滅したライチョウが、遺伝的に北アルプス系統か南アルプス系統かは、まだわかっていない。

福田は、今回の調査で採取した羽根のＤＮＡ解析を国立科学博物館に依頼した。分析の結果、飛来したメスは、北アルプスまたは、北アルプス南端の乗鞍岳の系統であることを突き止めた。

ライチョウ保護を巡る状況は、白山でメスが見つかったころに比べて大きく動いていた。すでに中村が考案した木枠と金網で作ったケージで、ライチョウの家族、特に孵化直後のヒナを保護するノウハウが確立されている。実際、南アルプスの北岳周辺では、四年間でライチョウの生息数を大きく増やした。さらに動物園での人工飼育が始まり、繁殖技術も徐々に向上している。絶滅地域の中央アルプスでライチョウを復活させる見通しは立ってきたのだ。

中村は福田に打ち明けた。

「中央アルプスで確認されたメスがもし越冬して来年も生き延びていれば、今度こそ絶滅地域でライチョウを復活させたい」

白山での教訓を生かすためには、まず、地元の理解と協力を得る必要があった。

福田は、中村と一緒に中央アルプスに関係する市町村を回った。その一環で訪れた長野県駒ヶ根市役所で、福田は担当者の熱い思いに触れ、ライチョウ復活への意欲を新たにする。

富山市や長野県松本市などライチョウが生息する北アルプス麓の市町村では土産物の菓子「雷鳥の里」を販売している。駒ヶ根市でも売っているが、中央アルプスではライチョウが絶滅しているため、これまで肩身の狭い思いだった。中央アルプスのライチョウが復活すれば大手を振って販売できるという。

小さなことかもしれないが、福田は、ライチョウの保護増殖事業が地元の経済振興にもつながることに使命感のような感情を抱いた。中央アルプスのライチョウ復活を地元も歓迎してくれていることで、大きな援軍を得た気がした。

だが、メス一羽だけでは、無精卵しか産まないので子孫は残せない。その解決策としては、生息地からオスを移送してつがいにさせることが考えられる。もう一つの方法は、ライチョウの生息地から野生のメスが産んだ有精卵を運び、中央アルプスのメスが産んだ無精卵と入れ替え、抱卵させるという方法がある。

中村はライチョウを本格的に研究する前、カッコウの托卵研究で世界的な実績を上げた。托卵とは、カッコウが別の鳥の巣に卵を産み、その鳥にヒナを育てさせる習性のことだ。カッコウは他種の鳥の巣に卵を産む。托卵された鳥はヒナを孵化させた後、子育てまでする。

福田は信州大学在学中、中村の研究室でカッコウの托卵に関して卒業論文を書いた。カッコウより小さいオナガの巣に、オナガの卵より小さめのカッコウの擬卵《ぎらん》を入れて抱卵するか否かを調べたのだ。オナガは、自分が産んだ卵より小さめのカッコウの擬卵を抱卵した。

仮にオスを連れてきても、相性の問題もあり、中央アルプスのメスとつがいになる保証はない。不確定要素が大きい方法より、卵の入れ替えの方が成功率は高いはずだ。中村の意見も同じだった。

まずは中央アルプスにもともといたライチョウが遺伝的に北アルプス系統なのか南アルプス系統なのかを突き止めなければならない。この疑問が解消されない限り、復活作戦は一歩も前進できない。

近年、国内外来種の交配について慎重さが求められている。ライチョウのように生息地ごとに遺伝的な違いがある場合、別系統の個体で増やすと遺伝的攪乱《かくらん》の恐れがあるのだ。

北アルプスもしくは乗鞍岳から飛んできたメスは、自らの意思で移動し、そこに人の手は加わっていない。もし中央アルプスにかつていたライチョウが北アルプス系統であれば、乗鞍岳から有精卵を移送して抱かせれば、遺伝的攪乱の問題はクリアできる。南アルプス系統であれば、このメスに乗鞍岳の有精卵を抱卵させる方法は許されない。

中村は、福田と一緒に駒ヶ根市や長野県宮田《みやだ》村などを訪れるたび、関係者に頼んで回った。かつて中央アルプスにいたライチョウの剝製があれば、環境省に連絡してほしいと。二〇一八年一二月、宮田村役場から福田に連絡があった。村内の宮田小学校で大正時代に中央アルプスで捕獲されたライチョウの剝製が見つかったという。

やっとたどり着いた。福田は、すぐ宮田小学校に行く。動物や鳥の剝製展示コーナーに白い冬羽のライチョウの剝製があった。台座には、「西駒ヶ岳（木曽駒ヶ岳）」と捕獲地が記され、製作年は大正一二（一九二三）年と書かれている。産地も捕獲年も判明している確実な証拠だった。福田にとっては宝物に思えた。

剝製は約一〇〇年前の製作にもかかわらず、保存状態は良い。足の裏の皮膚に残ったＤＮＡを解析し、北アルプス系統と判明する。絶滅した中央アルプスのライチョウのＤＮＡが、飛来してきたメスの系統と一致した。

福田と中村は、中央アルプスのライチョウ復活に向けて喜びを分かち合った。

突破口が開いた。

だが、まだ入り口がほんの少し開いたにすぎない。飛来したメスが翌年の繁殖期まで生存していなければ、復活に向けたチャレンジはできない。二〇一八年七月の確認後、飛来メスの目撃情報は途絶えていた。心配する中、福田のもとに登山者からライチョウの情報と写真が寄せられた。

一一月四日、川崎市在住の登山者・中田昌宏が木曽駒ヶ岳に近い中岳でライチョウを撮影した写真である。中田は、「保護活動に役立てば、という思いで情報提供しました」と言う。

福田は、環境省に寄せられた情報のほか、「ＹｏｕＴｕｂｅ」にアップされていないかを確認した。二〇一五年に木曽駒ヶ岳で撮影されたライチョウの動画が見つかり、映像を見て「このメスに間違いない」と思った。撮影されたライチョウがもしこのメスだったら、すでに四年も中央アルプスで生存し、何度も厳しい冬を乗り越えてきたことになる。

その後、このメスは、復活の象徴として「飛来メス」と呼ばれるようになった。

二〇一九年一月一〇日、東京都内で、翌年度の具体的な保護計画を決める「ライチョウ保護増殖検討会」が開かれた。南アルプスのケージ保護などの事業は、二〇一四年から五カ年計画でスタートした「第一期ライチョウ保護増殖事業実施計画」が定めた内容に基づいて取り組んでいる。予定では、二〇一九年四月から新たに第二期計画が始まることになっていたが、もう一年延長された。

検討会では、二〇一九年度の事業として、中村の願い通り「中央アルプスにおける野生復帰の技術開発試験について」が新たに加えられた。つまり、二〇一八年に中央アルプスで確認された飛来メスを使って、絶滅山域でライチョウを復活させようという試みが正式に認められたのだ。

自らの意思で中央アルプスにやってきた飛来メスは、ライチョウの保護増殖計画にこれ以上ない貴重な機会を与えてくれた。飛来メスは毎年、無精卵を産んで抱卵を続けている。二〇一九年も営巣し、抱卵することが予想される。

飛来メスの産卵後に有精卵と入れ替える選択肢には、人工飼育したメスが産んだ有精卵を用いる方法と野生のメスが産卵した有精卵を用いる方法の二つがある。飼育しているライチョウが産んだ卵は、まだ有精卵率や孵化率が低いため、野生卵を使う方法が妥当と判断された。

二〇一五年と二〇一六年、環境省は動物園でライチョウを人工飼育するため、北アルプスの乗鞍岳から有精卵を移送して人工孵化させた実績がある。今回の試験では乗鞍岳から有精卵を運んで、メスが産んだ無精卵と入れ替え、有精卵を抱卵させる案を採用するよう提言した。

孵化が成功した場合、母鳥からヒナが親離れする一〇月まで追跡調査をする。また、かつて生息していたライチョウが絶滅した原因の解明や、天敵の存在など生息環境の調査も併せて進め、中央アルプスでライチョウを個体群として復活させる計画だ。この思惑通り、第一期計画の延長が決まり、飛来メスによる卵の入れ替え作戦の実施も決まった。復活作戦のゴールはまだ見えないが、スタートラインには立つことができた。

中村も福田も、復活作戦の扉は、徐々に開き始めたと感じていた。

二〇一九年五月八日、中村と福田は、山岳ガイドを伴って木曽駒ヶ岳に登った。標高三〇〇〇メートル近い中央アルプスの高山帯はまだ雪深い。ピッケルやアイゼンなど冬山装備が必要となる。

登山の目的は、飛来したメスが無事に越冬できたかの確認である。生存していなければ、復活作戦はあきらめなければならない。何としても生き延びていてほしい。高ぶる気持ちを抑えつつ、中村たちは雪が積もった急斜面をひたすら歩き回った。いつもの調査と同じように糞や足跡などのライチョウの痕跡を探すためだ。

「中村先生、ありました」

福田が、雪面に残る真新しいライチョウの足跡を見つけ、中村に大声で伝えた。ライチョウの足跡は三本指で、私でさえ簡単に判別できる。これ以上ない証拠である。福田はその時の喜びと驚きを語る。

「中村先生は、こちらがびっくりするくらい喜んでくれました。学生時代には経験したことがない握手までしてくれました」

調査では、飛来メスのねぐらとみられる雪穴や高山植物をついばんだ跡を見つけた。姿こそ確認できなかったが、飛来メスは間違いなく生きている。中村も福田も、そう確信した。

舞台は整った。中村にとって、白山では叶えられなかった夢の計画の扉が大きく開いた思いだった。福田も中央アルプスにライチョウをよみがえらせたいとの決意を新たにした。

第二部

復活作戦

ヘリコプターで移送されたライチョウを運んだ
小林篤・環境省専門官（2022年8月）

第一章　幻の復活作戦

中村にとって、中央アルプスのライチョウ復活作戦は、恩師の羽田健三が果たせなかった夢のプロジェクトでもある。

二〇一八年七月、一羽のライチョウのメスが木曽駒ヶ岳で見つかったのが復活作戦のきっかけだった。その時に中村が思い出したのが、羽田が三九年前に提言し、幻に終わった中央アルプスのライチョウ復活作戦である。幸い、その計画が盛り込まれた報告書が、中村の手元に二〇部ほど残っていた。飛来メスが発見されるまで、中村は報告書の存在さえ忘れていたのだ。

表紙には「中央アルプスに於けるライチョウの生息実態と移植について　羽田健三」の題字がある。二五ページの別冊の報告書を改めて読み返し、中村は羽田の先見性に驚いた。ただ、時代が早すぎたのだ。この計画は完全なものではない。修正点や解決すべき問題は多い。だからこそ、これを実現可能な事業にするのが自分に与えられた使命なのかもしれない、と中村は考えた。羽田が自分に託した未完の遺作のようにも思えたのだ。

一九六九年に木曽駒ヶ岳への登山ルートで一羽のライチョウが確認されたのを最後に、中央アルプスでの目撃例が途絶えた。一九七六〜七七年、羽田は中央アルプスでライチョウの生息調査を実施した。

当時、中央アルプスの山小屋では「ライチョウの発見を知らせた人には一万円進呈」の張り紙が出るほどライチョウの生存情報への関心が集まっていた。郵便はがきが二〇円だった時代、一万円はかなり高額の謝礼だろう。

北アルプスや南アルプスを中心に国内のライチョウ生息数を調べていた羽田にとって、中央アルプスのライチョウの生息状況を調べることは緊急の課題でもある。もし、ライチョウがまだ生き残っているのなら早急に保護対策の必要があると考えたからだ。

調査は、中央アルプスに源を発する太田切川《おおたぎりがわ》流域の総合学術調査の一環として行われた。羽田は、その調査の中にライチョウの生息調査を自ら組み込んで実施したのだ。調査は、一九七六〜七七年の二年間で延べ二〇日間、延べ二〇〇人という規模で実施された。調査員は、ライチョウの生態に詳しい羽田の研究室の学生と卒業生の計一二人で構成。調査地域は、木曽駒ヶ岳を中心に北端が将棊頭山《しょうぎかしらやま》（二七三〇メートル）、南端は越百山《こすもやま》（二六一四メートル）の直線距離にして約一四キロに及ぶ高山帯とした。

羽田にとって、中央アルプスはライチョウ調査が手つかずの山域だった。中央アルプスは、北アルプスや南アルプスなどライチョウが生息している山域と標高が同程度で高山植物も似通っている。まだライチョウが生き延びているかもしれない。ライチョウ生存のわずかな可能性にかけて調査に臨んだ。

ライチョウを確認するには、母鳥がヒナを連れている八月が人目につきやすく最適と思われた。一年目は八月に調査を集中した。稜線上の登山道を中心に、ライチョウの姿や鳴き声だけでなく、糞や抜け落ちた羽根、砂浴びの跡をくまなく探した。ライチョウを捕食するテンやキツネ、オコジョの糞を持ち帰って調べた。だが、ライチョウが生息している証拠は何も得られない。

二年目は八月だけでなく、一〇～一一月にも入山したが、やはり生息の手がかりはつかめなかった。このほか、二年間にわたり、山小屋のスタッフや登山者からも目撃情報を集めたが、どこからもライチョウが生息している痕跡さえ報告されなかった。

羽田は、残念ながらライチョウは絶滅したと判断せざるを得なかった。調査を通じて過去に中央アルプスで撮影されたライチョウの写真を入手する。総合的に考えると、もともといなかったのではなく、かつては確実に生息していたという結論にたどり着く。それでは、なぜ中央アルプスのライチョウは絶滅したのだろうか。

羽田の報告書を読むと、当時の中央アルプスにおける高山帯の荒廃ぶりが伝わってくる。ライチョウの最後の目撃例となる二年前の一九六七年、麓から標高二六一二メートルの高山帯の千畳敷を結ぶロープウエーが開業した。この結果、登山客だけでなく観光客までもが手軽にライチョウの生息地まで訪れることができるようになった。限られた登山者のみの聖地だった中央アルプスに、いきなり年間数十万人もが繰り出してきたのだ。

羽田は調査でわかった具体例を挙げている。

《昔はハイマツが縦走路を被い、一日歩くとズボンの裾がすり切れたが、今はそうでもない。昔と比べて登山路周辺の高山植物が咲き乱れる草地が少なくなり、砂や石がかなり露出している。中央アルプスに生息するライチョウの三分の二を占めると推測される木曽駒ヶ岳周辺が、登山者の踏み荒らしによって生息場所が失われている》

このころの荒れ果てた木曽駒ヶ岳周辺の様子が見えてくる。

私が信州大学に入学して登山を始めた一九七〇年代後半、北アルプスや八ヶ岳には至る所にゴミが散乱していた。登山道脇のハイマツの茂みの中には、空き缶やビニール袋が隠すように捨てられていた。現在のように登山道を区別するロープなどは張られていなかったと思う。このため、登山者による高山植物の踏み荒らしも目立っていた。登山者のマナーがひどい時代だった。学生時代、木曽駒ヶ岳に登ったことはなかったが、同じ状況だったのだろう。

当時、木曽駒ヶ岳山頂にもゴミ箱が置かれ、そこに投げ入れられた残飯がライチョウの天敵であるキツネなどの格好の餌となっていたようだ。ゴミに誘われて天敵の動物たちがライチョウの生息地の高山帯まで上がってきていると羽田は推測している。つまり、もともと生息数の少なかった中央アルプスのライチョウは、登山者や観光客の急増によってその生息環境を失い、絶滅したとみているのだ。

ライチョウが普通に生息していたころ、中央アルプス全体の個体数はいかほどだったのだろうか。羽田は、自身が編み出したなわばり調査の方法で調べている。ライチョウのなわばりの数は、営巣に適した背丈の低いハイマツ、餌となる高山植物の存在などから割り出す。この方法で推測したなわばり数は中央アルプス全体で三四とはじき出された。

羽田のなわばり調査について、中村はその精度の高さに驚いた経験がある。羽田は登山道を歩きながら、地形、ハイマツと高山植物の植生などを観察しながら地図上になわばりの丸印をつけていく。一見、横着で乱暴な方法にも見える。その後、中村が緻密な方法でなわばりを調べると、悔しいほど羽田が割り出した数と合っている。このため、中央アルプスのようにライチョウが絶滅した山域でも、ライチョウの生息可能数を割り出すことは植生や地形の手がかりからでも可能と判断したのだ。

ライチョウが絶滅したのは、開発や登山者の急増などが原因と考えられた。調査の目的は、当初はライチョウが絶滅したかどうかを調べることだった。だが、羽田が作成した報告書は、将来を見据えた復活作戦の提言にまで及んでいる。

《日本全体のライチョウは、登山者の増大と、これを迎えるための山頂での観光施設の増加によって、生息環境の破壊が著しく、ライチョウが次第に減少してきている。人の手で補うことが当然の責務である。その最大の手立ては、いまライチョウのいる山岳の生息環境を保護したり回復したりすることである。もう一つにライチョウを欠く高山に移植する事業があるが、中央アルプスにぜひ移植したいと考える》

移植とは、別の高山で捕獲したライチョウを新たな場所に放鳥することをいう。つまり、絶滅した中央アルプスに、ほかの山からライチョウを移送して個体群を復活させることなのだ。羽田は、人間の活動で滅んだライチョウは、人間の手で復活させる義務があると訴えている。

羽田が提言する中央アルプスの復活作戦は、入念に練り上げられたものだ。

いきなりほかの山からライチョウを移植するわけではない。まず中央アルプスの高山環境を、ライチョウが安心して安全に生息することができるまで回復させる保護策を徹底させたいと訴えている。羽田は次のように提言する。

《本来のアルプス登山の原点に帰るため、観光客まで安易に登らせるロープウェイを廃止する。木曽駒ヶ岳周辺の荒廃を防止するため、登山道には柵を設けて監視人を置き、ライチョウの餌となる高山植物の踏み荒らしや抜き取りを防ぐ。登山道は必要最小限のものだけ残し、それ以外は廃道にして立ち入り禁止とする。全山からのゴミ箱の撤去、登山者へのゴミの持ち帰り運動を呼びかける。許可された人以外、ライチョウや高山植物の撮影を禁止する》

大胆で強引とも思えるものだった。理想論としかいえない内容に思えるが、ゴミの持ち帰りや登山道整備については現在、普通の光景として北アルプスや中央アルプスなどで実現している。ただ、一九七〇年代でこの発想は時代を先取りしすぎていた。

報告書は、いよいよ復活作戦の核心に入ってくる。

絶滅山域の中央アルプスにライチョウを復活させるためには、まとまった数のライチョウを放鳥する必要がある。天敵に襲われるなどの被害があれば、一気に数が減り、永続的な繁殖は望めないからだ。

一九六〇年、北アルプスの白馬岳から八羽のライチョウを富士山（三七七六メートル）に移送して放鳥した。一九六七年には、南アルプスの北岳で五羽を捕獲して奥秩父山系の金峰山《きんぷさん》（二五九九メートル）に放した。ライチョウの新しい生息地をつくるためだったが、いずれも一〇年ほどで姿を消した。

羽田の復活作戦の目標は、中央アルプス全体で八五羽まで増やすことだ。

国内のライチョウ生息地は、北アルプスや南アルプスなど五カ所ある。その中で最小集団は、火打山がある頸城山塊の二五羽。羽田は、この数を参考にしてライチョウが生息する山からライチョウの群れを運んできて増やせば、中央アルプスにライチョウを復活させるのは可能だと考えた。

移植元の生息地でのライチョウ捕獲は、できる限り少ない数に抑えたい。そのための切り札を羽田は持っていた。現地飼育でライチョウを増やす方法だ。

報告書によると、一九六五年六〜九月、羽田は北アルプスの爺ヶ岳に組み立て式の金網を張ったケージ二個を持ち込んだ。四メートル四方、高さ一メートル。ケージは底がないので移動できる。このケージの中にライチョウ親子を入れて現地飼育する。餌は、ケージを設置したお花畑の高山植物になる。

次の問題は、どの山から運んでくるのかだ。

ライチョウ生息地で最も中央アルプスに近いのは御嶽山である。だが、生息地の高山帯まで登山口からかなりの標高差があり、ケージ飼育のための資材運搬や人員配置の効率が悪い。次に近いのは乗鞍岳になる。この山は、ライチョウが生息する標高二七〇二メートルの畳平まで車道があり、御嶽山のような問題もない。

中央アルプスへは、母鳥とヒナを家族ごと移送する。ヒナを連れていくのは、移送先の環境になじみやすく、移送後の生存期間も長くなるからだという。

中央アルプスへ移送するのは四家族だが、乗鞍岳でも移送後、ライチョウをさらに増やすため、まず八家族を八ケージで飼育する。中央アルプスへの移送は、ヒナが幼いうちに新しい環境に慣れさせるため、七月中旬を予定している。移送するのは四家族。残りの四家族はヒナが母鳥と同じ大きさに成長する八月下旬まで引き続き乗鞍岳でケージ飼育をして現地で放鳥する。

移送方法は、できるだけ短時間で運搬できるようヘリコプターを使う。ライチョウは伝書バトの移動かごに収容する。中央アルプスに移した後も引き続きケージ飼育を行う。

翌年から三年間、千畳敷の保護増殖センターでケージ飼育による繁殖を続けると、目標の八五羽まで増やすことは可能という。ケージ飼育だと、自然状態では失われることの多いヒナを生存させることができるので、短期間で一気に生息数の増加が可能となる。

復活作戦の予算について、羽田はさらに大胆な提言をする。

《事業の主体は駒ヶ根市とする。ただし、ライチョウは国の特別天然記念物のため、国や県が大部分の維持管理費を計上すべきである。ロープウェイが滅ぼしたといわれるからには、その当局がライチョウ保護増殖センターの設立その他に寄与する必要がある》

三九年前に書かれた報告書を読み終えた中村の胸中に、羽田の情熱と並々ならぬ決意が迫ってきた。恩師が果たせなかった夢の計画を必ず実現したい。そのための準備は整っている。やり遂げる自信はあった。

羽田の復活作戦で、最大の切り札はケージ飼育である。中村が考案したケージ保護は、恩師が考えたケージ飼育がヒントになっている。ケージ飼育は、生息地に設置されたケージの中でライチョウ家族を増やす方法だ。だが、飼育だとヒナたちは放鳥後、無事に生存できないと中村は判断した。

五〇歳を過ぎてから羽田の研究を引き継いだ中村は、未解明だったライチョウの生態を次々と解き明かしてきた。ヒナたちは、自然の中で母鳥の後を追い、食べられる高山植物や天敵から身を守る方法を学ぶ。ケージ飼育だと、生きる術を学ぶ機会は限られる。中村が発案したケージ保護は、夜間や悪天候時のみ家族をケージに収容する。日中は、ケージから家族を外に出して人間がつきっきりで見守る。

ケージ飼育の不備な部分を、中村が改良してケージ保護へと完全な保護増殖技術にまで高めたことになる。

また、羽田が移植元として乗鞍岳を選んだことに中村は驚嘆した。すでに記したように、中央アルプスで絶滅したライチョウと乗鞍岳のライチョウは遺伝的に同じ系統に属している。これは、中村がライチョウの個体識別のために足輪を着ける際に採取した血液を分析してわかったことだ。しかし羽田が研究していた当時、ライチョウのＤＮＡ解析技術はまだ確立されておらず、この事実を羽田が知っていたはずはない。偶然か直観か、羽田は遺伝的にも正しい、乗鞍岳のライチョウを選んでいたのである。

ただ、羽田が中村に残した中央アルプスの復活作戦は、飛来メスを想定していない。中村が取り組む復活作戦は、まず飛来メスの産んだ無精卵と乗鞍岳から移送した有精卵を入れ替え、抱卵させて増やすところから始まる。スタート地点が全く違う。

羽田に請われて北アルプスや南アルプスに登り、ライチョウの国内の生息数を調べた日々も懐かしい思い出となっている。当時は、こんな調査をして何の役に立つのだろうとずっと疑問を持ち続けていた。山の中を歩き回り、ひたすら単調で労力ばかりかかるのに、調べているのは生息数だけなのだ。

羽田が退官した年齢になって、中村にもようやくその意味がわかってきた。今、地道な調査をしておけば、将来きっと役立つ日がくると羽田は考え、全山の調査をやり切った。

羽田は退官後、しばらく休みたいと言って新たな仕事に就かなかった。研究者時代、野外調査中心の生活を続けていたため、退官後は自宅で妻とゆっくり暮らしたいと中村に話していたという。

羽田は退官後、中村が引き継いだ研究室を一度も訪れなかった。中村が時々、大学近くの自宅に会いに行くと、孫と楽しそうに遊んでいたこともあり、在職中のころには考えられない姿にショックを受けた。会うたびに老け込んでいく恩師の姿を見るのはつらかった。

羽田は退官して二年目に体を壊して一カ月ほど入院した。その後も入退院を繰り返し、一九九四年一一月に亡くなった。享年七三。鳥の研究に捧げた人生だった。

羽田の報告書にある復活作戦の部分は、まるで劇薬のような面がある。この計画は、成功を保証する裏付けがないうえ、強引すぎて地元の理解が得られるとは思えない。今回はこれまで以上に細心の注意を払って慎重に進めなければ、計画は実現しないだろう。

それでも、中央アルプスにライチョウをよみがえらせたいという気持ちは日増しに強くなる。中村にとって復活作戦は、亡くなった羽田から渡されたリレーのバトンのような気がするからだ。

過去に富士山や金峰山にライチョウを移送して繁殖地をつくる試みはいずれも失敗している。だが、中村には自信があった。予想を超えるような困難が待っていることは覚悟している。それでも、必ずやり遂げてみせるという思いが湧き上がってきた。

第二章　復活作戦スタート

二〇一九年にスタートする復活作戦では、北アルプスの乗鞍岳から採取した野生ライチョウの有精卵を中央アルプスに移送して、飛来メスが産んだ無精卵と入れ替え、孵化させることが最初のチャレンジとなる。

早ければ六月上旬には飛来メスの産卵が始まる。抱卵期に入るまでに中央アルプスと乗鞍岳で巣を見つけ、乗鞍岳では必要な数の卵を確保しなければならない。二つの作業を同時に確実にこなす必要がある。

日本初の挑戦となるライチョウの卵の入れ替え作戦は、環境省が取り組んできた動物園での人工飼育の実績が出発点でもある。

今回の「卵の入れ替え作戦」は、卵を安全に運ぶ技術が確立できたからこそ実現する。だが、復活作戦で試される最初のステップの卵の入れ替えは、未知の領域である。果たして飛来メスは、中村の想定通り、入れ替えた卵を抱卵して孵化させられるのだろうか。

自らの意思で絶滅地域の中央アルプスにやってきた飛来メスが、少なくとも四年半はこの地に定着している。つまり飛来メスの存在は、中央アルプスがライチョウの生息できる環境であることを示す証拠になる。中村も環境省の福田も、この好機を最大限に生かしたいと考えた。

復活作戦を成功させるために考え抜いたのが、この卵の入れ替えだった。中村は、カッコウの托卵研究の実績からこのチャレンジには自信を持っていた。ただし、計画を一つのミスもなく予定通りに進めるという条件付きではあったのだが。

ライチョウは、国の特別天然記念物で絶滅危惧種でもある貴重な鳥だ。人の手で繁殖させるには、入念な準備をしたうえで、実行段階では細心の注意を払わなければならない。卵の入れ替えは、多くの人と組織が協力しなければ実現は難しい。

ライチョウは年に一回の産卵期に、平均六〜七個の卵を産む。産卵期のメスは卵を全部産み終えるまで抱卵しない。最初に産んだ卵は、長ければ二週間も冷蔵状態で巣に保管されることになる。

卵を全て産み終えた段階で、メスは卵を抱き始める。メスが温め始めると、卵の中の細胞が分化して発生が始まる。抱卵開始から約二二日で孵化する。驚くべきことに、ヒナは誕生の翌日には母鳥と一緒に巣を離れて自分で高山植物などの餌を食べ始める。

なぜライチョウはこのような繁殖行動をとるのか。生息地の高山帯はオコジョや猛禽類など天敵が多いうえ、ライチョウはツバメなどと違って親鳥が昆虫を口移しで与えるなどの「子育て」をしない。孵化した直後からヒナたちは自活しなければならない。一斉に孵化させるというライチョウの生存戦略でもある。鳥類では、地上に巣を作るカモ類などが同じ習性を持っている。

有精卵を採取する乗鞍岳は、中村が長年にわたって調査を続けてきた山域でデータが豊富だ。中央アルプスの飛来メスが営巣したことを確認後、乗鞍岳で有精卵を採卵することになった。

飛来メスの巣探しは中村が一人で担当する。人手が足りないこともあったが、中村は一人の方が巣探しに集中できると考えた。乗鞍岳は、福田が現場で調査員たちと一緒に巣を探し、卵を採取する。

乗鞍岳で採取する抱卵開始前の卵の目標は六個と決まった。乗鞍岳はライチョウの生息数が多く、生息状況も安定している。一つの巣からの採取は最多でも二個という制限を設ければ、卵の採取による野生個体への影響は少ないと推測された。

二〇一九年五月三〇日、中村は一人で木曽駒ヶ岳に登り、飛来メスとその巣を探し始めた。だが、初日は丸一日歩き回っても飛来メスの姿は確認できなかった。翌三一日は午後になると霧が立ちこめ、雪が降り出す。視界は一〇メートルほどしかない。午後二時二一分、木曽駒ヶ岳山頂近くで、高山植物を食べている飛来メスを見つけた。

やっと会えた！

前年八月から中村は、飛来メスを探し始めたが、それまで卵の殻や羽根、足跡などしか見つけていない。生存していることは確信していたが、飛来メスの姿を見るまで一〇カ月かかったことになる。本当に長かった。まるで文通相手に初めて会ったような気持ちである。

だが、喜びに浸っている余裕はない。巣を発見しなければならないし、飛来メスが産卵中か抱卵中なのか調べる必要がある。抱卵中のメスは一日二、三回、巣から出て急いで餌を食べる。一分間に一〇〇回以上餌をついばめば、抱卵中とわかる。飛来メスは六三回だったので、まだ産卵中と考えられた。

巣の発見は難航した。飛来メスは慎重な性格だ。姿は確認できるのだが、霧に阻まれたり、遠くへ飛んで姿を見失ったりして巣の位置がなかなか確認できない。六月四日、採食中の飛来メスのついばみ回数は一分当たり一〇〇回を超えた。すでに抱卵を始めているようだ。

調査開始から八日目の六月六日午前三時、中村は宿泊先の宝剣山荘《ほうけんさんそう》を出て飛来メスを探し始めた。前日、巣の位置はほぼ特定している。午前一〇時過ぎ、餌を食べ終えた飛来メスが巣に戻った。ライチョウは巣から離れた場所からハイマツの群落に入る。ハイマツが揺れる動きで、ようやく巣を見つけることができた。

飛来メスは行動範囲が広く、周辺は一面にハイマツの茂る場所だった。ライチョウ調査のエキスパートの中村でさえ、巣を発見できたのは奇跡に近い幸運といえる。巣の中には八個の卵があった。予想通り、飛来メスはすでに抱卵を始めていた。中村は、巣の近くにハイマツの枯れ枝を立てて、目印にした。

卵の入れ替えを早めなければならない。中村は急遽《きゅうきょ》、二日後の六月八日に入れ替えの予定を繰り上げた。一方、乗鞍岳の巣探しは難航していた。入れ替え前日まで、福田は巣を探し続けた。抱卵に入っている巣はいくつか見つけたが、最終的に見つけた産卵中の巣は、たった二つだった。予定では、一つの巣から採取するのは上限二個なので、少なくともあと一つ巣を見つけなければならない。だが、この貴重な機会を逃すことはできない。やむなく、産卵中の二つの巣から三個ずつの計六個を採取することにした。

日本初となるライチョウの卵の「入れ替え作戦」は、メディアの注目を集めた。特に地元のテレビ局はニュース映像が必要となる。環境省の広報も兼ねる福田は、メディア対応もしなければならない。報道陣が手際よく現場取材ができるよう、最善の配慮をした。

六月八日午前五時半、福田は乗鞍岳の二つの巣から計六個の卵を採取し、プラスチックケースに入れて車に載せた。四時間ほどかけて長野県駒ヶ根市に移動する。中央アルプスは麓から標高二六一二メートルの千畳敷まで路線バスとロープウエーが結んでいる。山麓駅（しらび平駅）からロープウエーに乗り換え、千畳敷駅から登山道を登って、約一時間半でライチョウの巣がある木曽駒ヶ岳山頂付近まで運んだ。

夕方が卵を入れ替えるチャンスだ。中村は報道陣を遠ざけて、巣から約五〇メートル離れた場所で飛来メスが巣を出るのを待った。

だが、飛来メスは午後六時になっても巣を出ない。夕暮れが近づく。寒さも増した。中村はこれ以上待つと、入れ替えのチャンスがなくなると判断。飛来メスをそっと巣から追い出し、無精卵八卵と、乗鞍岳から運んできた六卵を入れ替えた。卵の入れ替えを素早く済ませると、中村はすぐに巣を離れた。飛来メスは、こちらの期待通り抱卵を続けてくれた。「卵の入れ替え作戦」は、ひとまず無事に乗り切った。

七月一日午後九時五一分、木曽駒ヶ岳の山小屋に泊まっていた福田から、うれしい知らせがメールで報道各社に届いた。

《本日、中央アルプスにおけるライチョウ孵化確認調査を実施し、以下のとおり、移植した卵が孵化し、ヒナの鳴き声まで確認しましたので報告します》

福田によると、午後二時二一分から孵化の確認が始まった。約一〇分後、ライチョウの巣で、残された卵の殻から五卵が孵化したことを確認する。一卵は孵化せず、そのまま残っていた。巣から五メートルほど離れたハイマツの中からヒナ三羽くらいの鳴き声が聞こえた。一時間ほど巣の近くにいたが、出てこない。夕方、再び探したがヒナの姿は確認できなかった。

翌日の調査では、ヒナ五羽を連れた飛来メスの家族を確認した。巣から一〇メートルも離れていない場所だった。環境省から提供された写真には、小さなヒナの周りに赤い丸がしるされていた。

福田は、ヒナを連れて母鳥となった飛来メスを見て言いようのない喜びを感じていた。これまで無精卵を温め続けて孵化させられなかった飛来メスが、やっとヒナの顔を見ることができたからだ。

福田は、中村以上に飛来メスへの思いが強い。

「飛来メスは両目の間隔がほかのライチョウに比べて広く、おでこも丸いのでたやすく区別できます。ヒナを世話する姿を見て、淡々と自分の役割をこなしている様子に感動しました」

予想はしていたが、私は信じられなかった。飛来メスが産んだ無精卵と、乗鞍岳から運んできた有精卵を人の手で入れ替える。その有精卵を飛来メスがちゃんと抱卵し、無事に孵化したのだ。次の調査には必ず同行して、実際に孵化したヒナの姿を見たいと思った。ここへきて、ようやく私は復活作戦の意味や重要性を思い知らされることになる。

福田は、南アルプスの北岳でライチョウのケージ保護をしていた中村に電話でヒナの誕生を伝えた。福田の報告を聞くまで中村は、抱卵中にテンなど天敵に卵を食べられたり、飛来メスが卵の入れ替えに気づいて巣を放棄したりしないか心配でならなかった。半世紀ぶりに中央アルプスでヒナが誕生した。順調すぎるほどの成果である。中村は胸のつかえが取れたような気がした。

七月一一日、ライチョウ家族の最初の生息調査が日帰りであった。ロープウエーの山麓駅へは、麓のバスセンターからバスに乗る。バスの中で福田と相席し、これまでのいきさつを聞いた。福田は「飛来メスは、入れ替えた有精卵を抱卵してくれると思っていましたが、正直言って不安もありました」と明かしてくれた。

ロープウエー終点の千畳敷駅からは山登りとなる。福田はかなりのスピードで登山道を駆け上がっていく。一刻も早くライチョウ家族の元気な姿を見たい。そんな気持ちが伝わってくる。私はどんどん引き離されてしまう。天候は曇り空。稜線に出ると雨が降り出した。ライチョウの巣が確認された木曽駒ヶ岳山頂周辺に着くと、報道陣も福田たち環境省の関係者らと一緒になってライチョウ家族を探す。

ライチョウは、ヒナが孵化すると巣を離れ、家族で周辺を移動しているはずだ。だが、ヒナも飛来メスもなかなか見つからない。時間だけが過ぎていく。中央アルプスの高山帯は、ハイマツや高山植物の保護のため、報道陣は登山道の外に出てライチョウ家族を探すことができない。あくまで登山道に沿って探すしかないのだ。

よくよく考えれば、木曽駒ヶ岳の山頂付近だけでも広大な面積がある。そこにいるライチョウは、飛来メスとヒナのたった六羽だけ。ハイマツの中に隠れてしまえば、見つけるのは至難の業といえる。

私はゴアテックスの雨具を着込んでいたが、雨の中、ずぶ濡れになって登山道を歩き回って探した。

捜索開始から一時間ほど過ぎたころだ。山頂付近から怒鳴るような声が聞こえた。

「ライチョウがいたぞ」

よかった。ライチョウは生きていた。

あわてて緩やかな尾根道を駆け上ると、木曽駒ヶ岳山頂直下の西側の急斜面に飛来メスが一羽だけでいるのが見えた。福田はハイマツが茂った崖のような斜面を下って探し続けている。

雨脚はどんどん強くなる。三〇分後、福田は報道陣が待つ稜線に上がってきた。降りしきる雨の中、急遽、囲み会見が始まった。テレビカメラが回り、急斜面で立ったまま福田は、厳しい表情で声を振り絞るように話し始めた。その内容は耳を疑うものだった。

「残念ながらヒナ五羽は全滅したと考えられます。梅雨時の低温で衰弱死したか、テンなどの天敵に捕食されたものと推測されます」

孵化後一カ月間、母鳥は定期的にお腹の下にヒナを入れて温める抱雛を繰り返す。この日のように雨が降り、低温になると一〇分おきぐらいに抱雛しなければならない。三〇分過ぎても、ヒナは見つからない。抱雛が確認されないということは、ヒナが全滅したことを意味する。

会見を続ける福田は、雨に濡れそぼったせいか泣いているように見えた。私を含めて報道陣も、ヒナが全滅するという厳しい現実をつきつけられ、失望感を味わっていた。

ヒナを失った飛来メスは再びひとりぼっちになり、急斜面で高山植物をついばんでいた。淡々と日常生活を続ける姿に、私は飛来メスが生き延びていたことに安堵した。天敵の動物がヒナ全滅の原因ならこの急斜面は安全な場所だからだ。土砂降りの中、下山する福田も報道陣も足どりは重かった。私は、どんな記事を書けばいいのか悩み続けていた。

この時、「卵の入れ替え作戦」発案者の中村は、南アルプスの北岳でライチョウのケージ保護を続けていた。

福田は下山後、中村にヒナが全滅した詳細を携帯電話で伝えた。中村は、孵化一〇日目でヒナが全滅したことに衝撃を受ける。この悲報を現地で確認しなければならなかった福田の落胆と悲しみを思うと、中村には福田を慰める言葉が見つからない。改めて自然の冷酷さを思い知らされた。

この時、東京本社のカメラマン・杉本康弘は北岳で中村のケージ保護の取材と撮影をしていた。中村から一連の事情を聞いた杉本は、ショックを受ける。

「残念としか言いようがなかったですね。でも、中村先生の説明を聞いて、長期的なスパンで復活作戦に取り組んでいるのだと納得できました」

中村は、杉本に諭すようにこう説明したという。

「今回は、ほぼ成功です。ライチョウのヒナは、この時期死ぬことが多いのです。実際、野生のヒナが全滅するのは珍しいことではありません。それより、飛来メスの無精卵と乗鞍岳から移送した有精卵を入れ替え、飛来メスが抱卵して孵化したこと、それ以上に飛来メスが短期間でもヒナを育てたことが大きな収穫です。これで、次のステップにつながるわけですから」

ただ、福田も中村も悔やんでも悔やみきれないことがある。木曽駒ヶ岳でケージ保護さえしていれば、ヒナを守ることができたからだ。

なぜ、ケージ保護をしなかったのか。それは、人も予算も限られていて、中央アルプスと北岳の両方でケージ保護はできなかったからだ。

ケージ保護の作業をスタッフに指示や指導ができるのは、中村と教え子の研究者・小林篤だけといってもいい。ところが、この年は二人とも北岳のケージ保護にかかりきりだった。

一〇月八日、長野県安曇野《あづみの》市から訪れた登山者・長友勝信が、木曽駒ヶ岳山頂西側の斜面で飛来メスを撮影し、環境省に写真を送ってきた。撮影場所は、七月に確認された場所の近くだ。長友はこんなコメントを寄せている。

「天気が良く景色を眺めていたらライチョウが現れ、あわててシャッターを切りました。自分ができることは少ないですが、今後の活動に役立つのであれば非常にうれしいですね」

中央アルプスの飛来メスは、無事に生きていた。悲願の「子育て」は果たせなかったが、秋になっても生存を確認できた。この事実だけで、私は幸せな気分になれた。飛来メスが生きてさえいてくれれば、来年の復活作戦につながるからだ。

「飛来メス生存」の記事が掲載された新聞を、中村に郵送すると、すぐに連絡があった。今年はヒナを無事孵化させ、飛来メスが子育てをするところまでが目標だった。来年も復活作戦は続ける。飛来メスが無精卵を産んだら、また有精卵と差し替える。今度はヒナが孵化したら十分飛べるようになるまで約一カ月間、ケージ保護をして家族を守り抜くという。

中村は、すでに翌二〇二〇年の復活作戦を考えていた。

第三章　雪辱の二年目

環境省は、二〇二〇年四月から五カ年計画として新たに「第二期ライチョウ保護増殖事業実施計画」に取り組むことを決めた。

私の予想通り、計画の中心は、中央アルプスの「ライチョウ復活作戦」が占めていた。復活作戦の内容を要約すると、二つのプロジェクトを同時に実行することになる。

一つは、動物園で産まれた有精卵と、中央アルプスの飛来メスが産んだ無精卵を入れ替えて抱卵させるプロジェクトだ。もう一つは、全く新しい試みである。北アルプス・乗鞍岳からライチョウの三家族を中央アルプスに移送するという。いずれのプロジェクトもヒナが孵化した後、ケージ保護をしてヒナを守り抜く予定だ。この方法なら確実にライチョウを増やすことができるような気がする。

私は、孵化後のヒナを生きながらえさせるため、ケージ保護でライチョウ家族を守る作業が新たに加わるだけだろうと思っていた。

しかし、第二期計画の資料を読むと、第一期計画と比べてステージが一気に跳ね上がっている。乗鞍岳から三家族の移送はヘリコプターを使うほか、ケージ保護についても長期間にわたる大がかりな規模となっている。飛来メスが産む無精卵と交換する卵には、動物園の有精卵を使う。

本格的な復活作戦に向け、環境省は三五〇〇万円の予算を計上している。これを高額とみるかどうかは見解が分かれるところだろう。二〇二〇年度の希少種保護推進費の予算は七億六三〇〇万円である。目的は「種の絶滅を回避します」と書かれている。そのうちトキが約一億五〇〇〇万円を占める。残りの約六億円をライチョウなどの鳥や動物の保護増殖事業などが奪い合う形となる。学名「ニッポニア・ニッポン」のトキは別格なのだろう。

第二期計画で、環境省が新たに設定した取り組み目標の説明を読んで驚いた。見事なまでのロジックが展開されていたからだ。

全体目標では、第一期計画にはなかった内容を挙げている。

《環境省レッドリストにおいて、絶滅の評価を「絶滅危惧ⅠB類」から、「絶滅危惧Ⅱ類」へのダウンリストを実現できる状況にする》

絶滅危惧ＩＢ類は、「近い将来における野生での絶滅の危険性が高いもの」で、絶滅危惧Ⅱ類は、「絶滅の危険が増大している種」を意味する。現在、ライチョウは、絶滅危惧種の中でもランクが高いＩＢ類にいる。絶滅の危機を減らそうというのが、ダウンリストの考え方だ。

ＩＢ類のレッドリストの判定基準は二つある。一つは、生息地が過度に分断されているか、五以下の地点に限定されていること。もう一つは、個体群の成熟個体数が二五〇〇未満であること。Ⅱ類へのダウンリストを達成するには、この二つの数字を脱することが必要かつ十分な条件になる。

つまり、ライチョウの生息地を六カ所以上にし、ライチョウの生息数を二五〇〇羽以上にすれば、Ⅱ類への格下げが認められる条件が整う。

ライチョウが生息する山域は現在、北アルプス、乗鞍岳、御嶽山、火打山を含む頸城山塊、南アルプスの五つである。これに、かつての生息地の中央アルプスを復活させれば六カ所になり、まずは基準の一つをクリアできる。

第二期計画の最大の目標としてダウンリストが掲げられたことで、中央アルプスのライチョウ復活作戦が国から正式に認められたのだ。中村と、恩師の羽田健三の悲願が、やっと日の目を見たことになる。

ライチョウと同じように国の特別天然記念物で「絶滅危惧ＩＢ類」のアマミノクロウサギ

は、人の努力で生息数を回復している。

アマミノクロウサギは、鹿児島県の奄美大島と徳之島だけに生息している。二〇二一年、世界自然遺産に登録された両島の豊かな自然が残る森を代表する生き物だ。

だが、近年、生息数の減少が目立っている。外来種のマングースやノネコ（野生化したネコ）などの天敵に捕食されるほか、交通事故や開発による生息環境の悪化などの影響が原因だ。環境省は二〇一四年から一〇年計画で保護増殖事業に取り組んでいる。目標は、ライチョウと同じようにレッドリストの「絶滅危惧ＩＢ類」から「絶滅危惧Ⅱ類」へのダウンリストの達成を挙げている。

環境省は、アマミノクロウサギの生息数を増やすため、一九九三年からマングースの駆除を始めた。わなや犬を使い、これまで約三万二〇〇〇匹を捕獲。二〇一八年四月を最後に捕獲ゼロが続いている。遠からずマングースの根絶宣言を出せる見込みという。

アマミノクロウサギの推定生息数は、前回調査の二〇〇三年に約二〇〇〇～約五〇〇〇匹だったのが、二〇二一年時点は約一万一五〇〇～約三万九〇〇〇匹と大幅に増えた。マングースやノネコの捕獲が進み、生活環境が改善したためとみられる。今回の調査でわかった推定生息数は、すでにダウンリストの条件を満たしているという。

アマミノクロウサギは、人が持ち込んだマングースやノネコによって生息数を減らした。不用意な人間の行為が原因で減少した動物の生息数を、人間の手で回復させた実証例でもある。

ライチョウの復活作戦も、人間の影響で高山に侵入したテンやキツネなどの天敵を減らす対策が喫緊の課題でもある。

今回の復活作戦が前年と異なるのは、飛来メスに抱かせる有精卵を動物園から移送することだ。前年は、乗鞍岳から野生のライチョウの有精卵を運んで飛来メスに抱卵させた。だが、今度は動物園で人工繁殖させたライチョウの有精卵を使う。第一期計画と同じように第二期計画でもライチョウの保護増殖事業は、動物園の協力が重要になる。最終目標として、動物園などの施設で繁殖させたライチョウを野生復帰させることを掲げているためだ。

人工繁殖下での野生復帰は、すでに絶滅危惧種のトキやコウノトリなどで実現している。しかし、高山という特殊な自然環境を生息地とするライチョウと、里山を生息地とするトキやコウノトリとは事情が違う。生息条件の厳しいライチョウの野生復帰は難しい。動物園の協力は、有精卵の移送と卵の交換から始めることになった。

前年の乗鞍岳からの有精卵の移送では、巣探しが難航した経緯がある。動物園だと野生個体の場合のように巣探しに困ることはない。また、つい最近まで人工飼育の有精卵率は低いとされていたが、状況は改善され、この前年は交尾行動があった場合、有精卵率は八割の高率になっていた。

乗鞍岳から三家族を移送する理由も明快だった。中央アルプスに一羽だけいるメスに有精卵を抱卵させ、孵化させてケージ保護をしても五〜七羽しかヒナが育たない。この方法だけで個体群を復活させるのは難しいのだ。個体群を復活させるためには、別の場所から野生のライチョウを、まとまった個体数で移送する必要がある。この集団を基に増やしていけば将来的には人が手を加えなくても、自立して繁殖できる個体群を復活させることができる。

いよいよ、ライチョウ復活作戦の二年目がスタートする。正念場の年だ。張り切っていた矢先の三月三〇日、信越自然環境事務所の福田から突然、驚くようなメールが届いた。件名には「異動のご挨拶」とあった。

〈4月1日付けで本省の野生生物課に異動することになりました。
後任は中村先生の弟子の小林篤さんに環境省職員として入っていただきましたので、これまで通り進んでいくと思います。
福田真（希少生物係長・自然保護官）
環境省信越自然環境事務所　　野生生物課〉

すぐ福田に電話すると、申し訳なさそうな声が返ってきた。
「環境省では、直前まで人事については公表できないので、ご迷惑をおかけしました。でも、小林君なら僕以上に頑張ってくれるので、中央アルプスの復活事業は順調に運ぶと思います」

私は心配でならなかった。本当に小林で大丈夫なのだろうか。小林は、社会人として働いた経験がない。研究者の経験しかない小林に、福田のように巧みな調整役が務まるのだろうか。

この年のライチョウを巡る動きはあわただしい。新たに、長野朝日放送によるドキュメンタリー番組「テレメンタリー」の撮影も決まった。撮影班は、ディレクターが仁科賢人《にしなけんと》、カメラマンは前回も撮影した沖山穂貴が務めることになった。

前回の二〇一六年、私は企画書を書いただけで撮影には同行しなかった。だが、今回は違う。復活作戦は現在進行形のプロジェクトである。私も記事を書くため一緒に取材する。ライチョウ復活への期待を膨らませ、カメラマンの杉本に電話した。

「テレビ番組の制作が正式に決まったよ。今回は、中央アルプスと乗鞍岳が舞台になる。本紙ネタだから一緒にやろう」。杉本は喜んでくれた。「可能な限り出張します」

復活作戦で最初のミッションは、飛来メスの卵の入れ替えによる抱卵と孵化、子育てである。二年目を迎えた復活作戦は、複雑な作業が交錯しながら進んでいく。中央アルプスと乗鞍岳、動物園という離れた地域にある三つの舞台で作業が進む。いずれもライチョウの繁殖状況のタイミングを合わせないと成功は難しい。

中央アルプスでは、まず飛来メスが産んだ無精卵と動物園で産まれた有精卵を交換する。飛来メスに抱卵、孵化させた後、家族をケージで保護する。

飛来メスに有精卵を托卵させるためには動物園での産卵時期の調整が必要だ。結局、上野動物園など四施設から計八個の有精卵を集めた。複数の施設にしたのは、繁殖した個体の近親交配を避けるのと遺伝的多様性を高めるためだ。

六月になり、私は杉本に声をかけた。六月六日、二人で中央アルプスに行った。この年、中央アルプスが新たに国定公園に指定された。北アルプスと南アルプスは、環境保全の規制が厳しい国立公園に指定されている。信じられないことだが、同じアルプスの呼称がつくのに中央アルプスは国立公園でも国定公園でもなく、それまで長野県立自然公園だった。

国定公園の指定に加え、ライチョウの復活作戦が始まっている。地元の長野県駒ヶ根市や長野県宮田村は、山岳観光の振興に期待を寄せている。こうした話題も含めて、杉本にはライチョウだけでなく登山者や観光客の賑わいぶりなど様々な視点から撮影を頼んだ。ロープウエーで千畳敷に上がり、アイゼンを装着して残雪の八丁坂の急登を登り、宝剣山荘に到着した。長野朝日放送の撮影班はすでに到着していた。山荘には、中村と小林もいた。

午後四時一〇分、飛来メスが採食のため巣から出てきた。約二〇分後、巣の正確な位置がわかった。飛来メスが飛ぶ姿を撮影できた仁科は「とりあえず、復活作戦のスタートにふさわしい映像が撮れました」と喜んだ。

翌日、中村と小林は午前三時二〇分から調査を始め、一二時間後の午後三時半過ぎ、飛来メスの無精卵と動物園から移送した有精卵を入れ替えた。その後、飛来メスが入れ替えた卵を抱卵していることも確認できた。

六月九日。信越自然環境事務所で記者会見が開かれた。会見には、小林と中村が出席した。中央アルプスでの飛来メスが産んだ無精卵七個と上野動物園や大町山岳博物館など四施設から移送した有精卵八個の入れ替えに成功したことが報告された。

ただ、巣はハイマツ群落の端にあり、テンなどの天敵に見つかりやすい場所でもあった。中村は、巣が天敵に見つかりにくいよう、ハイマツの枝を折り曲げ外から巣が見えないようにした。さらに、巣の近くに自動撮影ができる監視カメラを二台設置した。中村は孵化の見込みについて話した。

「金属製の三脚をつけたカメラは、テンなどの捕食者が嫌がる傾向があるので、捕食者対策の一つといえます。順調にいけば、孵化予定日は六月三〇日。孵化した後、ケージに収容して、約一カ月間、人の手で家族を守りたい」

そして、小林は今後の計画の詳細を説明した。

「中央アルプスで飛来メスが六月末から七月初めに孵化した後、すぐケージ保護に入ります。同じころ、乗鞍岳でもヒナの孵化が始まるので、こちらは三家族をケージ保護します。七月下旬、乗鞍岳からヘリコプターで保護した三家族を中央アルプスまで運びます。運んだヒナの中には、オスも複数いるはずなので、来年度はやっと自然繁殖までこぎ着けることができます」

中村が補足する。

「飛来メスによる一家族と乗鞍岳から移送した三家族の計四家族を、人の手でいかにして守り切れるかが、この計画の鍵といえます。ケージ保護の成功は、母鳥と人間の信頼関係をいかに築くかにかかっています。さらに孵化したヒナたちが何羽生き残れるかも重要です。五年後には中央アルプスのライチョウを一〇〇羽まで増やし、復活させるのが当面の目標です」

前年、乗鞍岳から移送した有精卵と飛来メスが産んだ無精卵を入れ替え、孵化に成功している。わずか一〇日程度だが、飛来メスはヒナの子育てもした。すでに「卵の入れ替え作戦」は保護技術として確立されている。中村の口ぶりからも卵の入れ替え作戦への自信を感じることができた。

孵化予定日の六月三〇日、木曽駒ヶ岳周辺は雨と強い風が吹く悪天候に見舞われていた。午後一時半、営巣場所に到着した中村は焦っていた。ヒナが誕生していたらライチョウ家族をすぐケージに収容しなければならない。ヒナはまだ自力で体温維持ができない。一刻も早く安全なケージに移す必要がある。

急いで巣を確認すると、八卵中五卵が孵化しており、殻が残っていた。一卵は孵化せずに残っている。だが、ヒナの姿が見えない。あと二個あるはずの卵がなくなっている。卵の数が合わない。飛来メスは巣の周りをうろうろしていた。

何が起きたのだろう。中村は、巣の周辺を探したが、ヒナは見つからなかった。雨と風が強いので、いったん頂上山荘に引き返すことにした。二時間後に再度巣の様子を見に行った同行者が、巣の近くでヒナ四羽の死骸を見つけた。さらに巣から離れた場所で、殻にひびが入った孵化直前の卵二個が見つかった。

理解に苦しむ結果に、中村は悩んだ。あまりにもおかしな状況だ。ひょっとしたら孵化直後に台風並みの強風が吹き、ヒナたちが飛ばされて巣に戻れなくなり、寒さで死んでしまったのだろうか。それにしても、どんな強風でも巣の中の卵が外に出されることはありえない。どう考えても現場の状況からは判断がつかなかった。頼りは監視カメラの映像だ。

その晩、山荘に戻った中村はパソコンを開き、巣の前に設置していた監視カメラから取り出したメモリーカードの画像を確認した。画像を確認するにつれて言葉が出ないほどの衝撃を受けた。

カメラはニホンザルの群れを撮影していた。

前日午後六時二八分、巣の近くを二匹のサルが横切った。その一九分後、巣から離れた場所にいる飛来メスの姿が映し出され、カメラを覗き込むサルの顔もアップで映っていた。ヒナの孵化は前日午後と推測された。カメラは巣の前だけでなく木曽駒ヶ岳周辺に一〇台ほどが設置されていた。ほかのカメラからは、孵化直後、この年初めてサルの群れ約三〇匹が高山帯に上がってきたことがわかった。

推理小説に登場する探偵のように、中村は監視カメラの映像を分析して事件を推理する。六月二九日午後、ライチョウのヒナ五羽が孵化した。夕方、サルの群れが巣の近くまで上がってきた。サルの一部が、ヒナの声に気づき、興味を示して巣に近づいて覗き込んだ。サルの接近に驚いた飛来メスは、巣から飛び出した。ヒナは母鳥を追って巣から出てしまい、散り散りになった。

さらに、サルは巣に残った二卵を取り出したが、食べることはせず、巣の近くに捨てた。おそらく、卵が珍しく、興味を持って巣から取り出したのだろう。突然のサルの襲来に、母鳥はパニック状態になり、散らばったヒナを集めることができなかった。孵化したばかりのヒナは体温維持ができないため、短時間で体が冷えて死亡してしまった。

これが、中村による推理である。

中村も環境省も、抱卵中や孵化直後の天敵による危険は、テンやキツネなどの捕食による被害しか想定していない。サルの接近による間接的な被害は想定外である。おまけに、天敵が嫌がるとみていた監視カメラにサルは興味を示した。中村は悔やんだ。サルが稜線に上がってくるタイミングが悪すぎた。すでにケージは設置されている。飛来メスの家族を収容する準備が整っていただけに、あと一日サルの襲来が遅ければ、惨事を避けることができたはずだ。

七月一日、残りのヒナ一羽の死骸が見つかり、孵化した五羽が全滅したことが確認された。何ということだ。サルが原因でヒナが全滅するとは。そういえば、私がライチョウの取材を始めたきっかけもサルだったことを思い出した。北アルプスの東天井岳で中村と小林が、サルがライチョウのヒナを捕食した事実を確認した。私は、この記者会見からライチョウの取材を始めた。そして、またしてもサルである。

今回、サルはヒナを捕食したわけではない。北アルプスの例と違って、直接ヒナを襲ったりしていない。だが、中央アルプスにも、テンやキツネだけでなく、サルという新たな天敵が現れたことは確かだ。

中村は、飛来メスに降りかかった悲劇を冷静に振り返る。

「数十年前は中央アルプスの高山帯にサルはいませんでした。サルたちは平地で数を増やし、高山帯に上がってきました。そのこと自体が問題なのです。僕はサルを特別憎いと思ってはいません」

だが、サルがライチョウの生存を脅かす以上、徹底的な対策を講じる必要がある。サルを殺す必要など全くない。サルが本来の生息地である里山に戻ってくれさえすればいいのだ。

これで二年連続して飛来メスが孵化したヒナを育て上げることができなかったことになる。私は、飛来メスの作戦が失敗したことで、復活作戦そのものが頓挫してしまうのではないかと心配でならなかった。

それでも、中村の復活作戦にかける決意が揺らぐことはない。復活作戦は、卵の入れ替えと、乗鞍岳からのライチョウ家族の移送という二段構えである。一段目が突破できなくとも次のチャレンジがある。中村は「乗鞍岳のケージ保護をやり遂げ、何としても三家族を中央アルプスに移送できるよう全力投球します」と気持ちを切り替えた。

七月二日、環境省は、報道各社に報道発表文を送った。

《今後、環境省では乗鞍岳でケージ保護した三家族（約二〇羽）を中央アルプスに移植する事業（家族の移植事業）を計画しています。ニホンザルによるライチョウへの影響については明確ではありませんが、ニホンザルや捕食者等のモニタリングを行いつつ、専門家の意見も踏まえながら、中央アルプスへ移送した後のライチョウ家族に対する保護対策を行います》

第四章　空輸作戦

中村も環境省も想定していなかったニホンザルの襲来で、飛来メスが抱卵して誕生したライチョウのヒナ五羽が孵化直後に全滅した。半世紀前にライチョウが絶滅した中央アルプスでの復活作戦。二〇二〇年は、いきなり谷底に落とされるような展開となった。

復活作戦の望みは、北アルプス・乗鞍岳からライチョウ家族のヘリコプター移送に託された。現場で指揮を執る中村も環境省の職員になったばかりの小林も、飛来メスの不幸を悔やんでいる暇はない。もう一つの作戦をやり遂げるため、気持ちを切り替えていた。

ここから復活作戦の舞台は乗鞍岳に移る。

乗鞍岳での作業は、中央アルプスでの飛来メスの卵交換とは全く異なる。まず、メスが抱卵中の巣を探し出す。孵化直後、ヒナを含む家族ごと木枠と金網で作ったケージに収容する。この後、約一カ月間、人がつきっきりでライチョウ家族をケージで保護する。

ケージが設置される場所は、肩ノ小屋の西側にある東大宇宙線研究所乗鞍観測所の前だ。標高二七七〇メートル。ハイマツの群落に囲まれた高山植物が咲き乱れる平坦地《へいたん》で、ライチョウたちの餌場となる。一家族ごとにケージに収容するため、計三つのケージが設置された。

この場所は、中村の恩師の羽田健三が一九七九年の報告書で提言した「幻の復活作戦」で、中央アルプスに移送するライチョウ家族をケージ飼育して守るエリアに想定している。中村は、報告書を参考に場所を選んだわけではない。長年の乗鞍岳の調査で導き出した最適地なのだ。結果的に羽田が考えた場所と同じだったことに、中村は不思議な縁を感じている。

六月中旬、中村から依頼を受けた。

「近藤さんの後輩である信州大学山岳会の学生にケージ保護のアルバイトを頼んでくれませんか。ケージ保護の作業は、登山をするわけではないですが、高山帯の過酷な環境の中で行います。特に悪天候だと、普通の人だと耐えられないくらい厳しいのです。ライチョウが好きなだけでは務まりません。普段から厳しい登山を続けている山岳会の学生が、ケージ保護スタッフの最適任者なのです」

ケージ保護は特殊な技術のため、環境省が中村の研究所に業務委託をしている。アルバイトなので日当や交通費が支給される。中村が山岳会の現役部員に依頼したアルバイトの条件は、四日以上連続で参加できることだった。

私は、信州大学山岳会ＯＢらで組織する信州大学学士山岳会のメンバーである。信州大学では、ほかの大学と違って山岳部でなく、山岳会という名称を使っている。最近は山岳会ＯＢの何人かが、「登山界のアカデミー賞」と呼ばれるフランスのピオレドールを受賞し、その取材をしてきた。現役学生たちの話題を朝日新聞の長野版で記事にすることが多く、交流もある。ケージ保護のスタッフを集める自信はあった。

集まった現役部員は、大島龍太、河内皓亮《かわちこうすけ》、北野なつこの三人だった。全員が二年生。体力には自信のある山好きの若者たちだ。応募動機は、意外なことに新型コロナウイルスだった。新年度早々、大学側は新型コロナ感染防止対策として、課外活動の自粛を決めた。

テント泊をする登山は「三密」の典型的なスポーツといえる。新型コロナの影響で、三人が楽しみにしていた夏山合宿は中止となっていた。彼らは山に〝飢えて〟いた。ケージ保護のアルバイトは、乗鞍岳山頂近くの肩ノ小屋に泊まり、ライチョウの世話をする仕事だ。合宿と違って食事当番もない。登山はできないが、標高二八〇〇メートルの高山帯で作業する。山の雰囲気を味わえて、お金までもらえるアルバイトが、彼らに魅力的に感じられないわけがない。

三人とも北アルプス登山などで、ライチョウはよく見かけていた。大島は、「登山の経験を生かし、少しでもライチョウの保護に役立ちたい」と、学生なりに社会貢献を考えていた。

三人がケージ保護で働く期間は一週間弱である。アルバイトの時期、乗鞍岳は連日、雨風に見舞われた。七月なのに、山小屋の中では一日中ストーブと乾燥機がフル稼働する。午前の作業を終え、昼食のため山小屋に戻ると、一階の食堂はアルバイトたちが雨具を乾かす作業で大わらわになる。午後も雨の中での活動が続くためである。

三人が最も感動したのは、ケージ保護の現場で先頭に立って作業をする七三歳の中村の姿だ。いつもケージの中で、かがんで泥だらけになってライチョウの世話をしている。

中村のアルバイトたちへの厳しい対応にも驚く。

「いきなり立ち上がると、ライチョウが警戒する」

「ケージにライチョウの家族を戻したら、全部のヒナがいるか、ヒナの数を数えなさい」

「ライチョウを追いかけてはダメだ」

雨風が強いため、大声で怒鳴られ続ける。それでも、中村が常にライチョウのことを考えて行動していることは十分理解できた。

その一方で、夕食後の懇談中に見せる中村の笑顔は、日中の姿とは別人に思えた。酒を飲みながら、ライチョウの生態などを、わかりやすく解説してくれる。新型コロナの影響で、二年生になってからは、リモート授業が何日も続いた。学内や部室への立ち入りが制限されたこともある。ケージ保護のアルバイトは三人にとって、まるで「中村ゼミ」の研究生になった気分だった。河内と大島は、中村の肩もみやマッサージをするまでになっていた。

私が取材のため肩ノ小屋に一泊した翌朝のことだ。早朝、中村は、三人に声をかけた。

「朝食までに戻れるなら山頂を往復してもいいですよ」

山小屋の外は強風で視界もほとんどない悪天候である。私は、三人が中村の提案を拒否すると思っていた。ところがどうだろう。三人ともザックも背負わず、長靴を履いたまま登山道を喜び勇んで駆け上がっていくではないか。三人に登山を勧めた理由を、中村に聞くと笑いながら教えてくれた。

「ライチョウは、ケージに閉じこもる状態が長引けばストレスがたまります。好きな登山ができない三人も同じ状況でしょう。これで明日から気分一新で活躍してくれると思いますよ」

五〇分後、三人が満足し切った表情で戻ってきた。信じられないスピードといえる。肩ノ小屋からの山頂往復は晴れた日でも二時間はかかるはずだ。

「早すぎるよ。走ったのか。なつこも、ちゃんとついてきたのか」。河内に聞くと、余裕たっぷりの答えが返ってきた。

「まあ、そんな感じですね。荷物がないので、山岳会の合宿に比べたら楽勝ですよ」

この夏、梅雨が長引いて乗鞍岳は連日、悪天候が続いた。復活作戦を成功させるためには、何としてもライチョウのヒナたちを守り抜かなければならない。中村は、ケージ保護を支えるスタッフたちがどうすれば頑張って働いてくれるのか考え続けていた。

ケージ保護は高山帯での厳しい作業が続く。スタッフたちの最大の楽しみは食事である。ある晩、夕食でデザートにスイカが出てきた。山小屋の従業員は「中村先生からの差し入れです」と言う。高級品の「波田《はた》スイカ」だった。新鮮な野菜や果物に飢えていたスタッフたちは、大喜びしてスイカをほおばった。中村はその様子を見てほっとした気持ちになった。

乗鞍岳山麓の長野県松本市の波田地区は、火山灰土壌で昼と夜の寒暖差が大きい。糖度の高い甘いスイカが栽培され、特産品として人気がある。中村が信州大学在職中の六〇代前半、研究室に波田地区出身の学生がいて、夏になると波田産のスイカを持ってきた。その時の学生たちの笑顔を思い出す。

中村は車で下山し、山に戻ってくる際、途中の波田地区で大きなスイカをまるごと一個買ってきたのだ。

スイカだけではない。中村は下山のたびに酒類やつまみを大量に買い込み、山小屋に運び上げた。二階の談話室では、毎晩のように中村とスタッフらが酒を飲みながら語り合い、翌日の作業に向けて英気を養った。

二〇一五年から五年間実施した南アルプス・北岳でのケージ保護のとき、中村はこうした配慮をしていない。悲壮な覚悟で復活作戦に臨んでいる中村が自分なりに考え抜いたスタッフへの最大の心配りだった。

実際、乗鞍岳でケージ保護に取り組む中村は、私がそれまで見たことがない雰囲気を醸し出していた。ケージ保護の様子を撮影しようと、私がカメラを持ってケージの周りをうろうろ歩いていると、何度も怒鳴られた。これまでにない対応だった。

「姿勢を低くして」

「ライチョウの進路を邪魔しない」

スタッフたちには、さらに厳しかった。だが、山小屋の中では別人のように穏やかな表情に変わる。いったい、どちらが本当の中村なのか、わからなくなった。


乗鞍岳のケージ保護は、決して順調に進んだわけではなかった。サルの襲来でヒナ五羽が全滅し、飛来メスは家族をつくれなかった。計画では、乗鞍岳の三家族と飛来メスの家族を合わせた四家族が復活作戦の基となる「創始個体群」として約三〇羽を想定していた。

中村は、乗鞍岳のケージ保護を四家族に増やしたいと環境省に要望した。だが、信越自然環境事務所野生生物課長の有山義昭《ありやまよしあき》は、その要望を聞き入れなかった。

「保護増殖検討会で乗鞍岳は三家族と決まりましたから。途中で変更はできません」

中村は怒った。有山は何を考えているのだ。有山には、事前に丁寧な説明をしたではないか。四家族いなければ、復活作戦に必要な創始個体群はできないと。自然が相手なので予測できないことは起きる。本気で復活作戦に取り組む覚悟があるのか。

中村は、ケージ保護の様子を見に来た有山を歓迎するどころか、強い口調で抗議したそうだ。後日、その時の状況を有山から聞いた。

「中村先生の怒りは尋常ではありませんでした。中村先生の情熱は理解できるのですが、環境省に入省以来、こんなに怒られたのは初めての経験でした」

このころから私は、中村が時折見せる激高ぶりに疑問を抱くようになった。もう少し言い方があるのではないのか。相手の立場も考えないと、せっかくの素晴らしいアイデアが実現できなくなってしまう。

ふと浮かんだのが、「トリセツ」という言葉だ。つまり取り扱い説明書のことである。多くの人がトリセツなしで中村と向かい合っている。中村の経験から導き出されるアイデアや手法は、復活作戦で成功の鍵を握る。これは、関係者のほとんどが認めている。誰もが中村を頼り、中村の「次の一手」を待ち望んでいる。だからこそ中村が気分良く、このプロジェクトに取り組んでもらうために、トリセツは欠かせないと思う。

私の持論だが、中村の完璧なトリセツを持っているのは、小林の前任者・福田である。中村は事あるごとに「福田君は本当に私の気持ちを理解し、プロジェクトに取り組んでくれました」と話している。

福田は、学生時代から中村に師事し、中村の性格を知り尽くしている。環境省信越自然環境事務所に異動してライチョウの保護増殖事業に携わるようになってから、中村と行動を共にすることが多くなった。以前、福田に中村のトリセツについて、それとなく聞いたことがある。どんな些細《ささい》なことでも事前に中村に相談する。中村の考えを丁寧に聞く。この二つを徹底する。それに尽きるという。トリセツは、考えていたより難しいものではなかった。

復活作戦を成功させるため、三家族のヒナを全て守り抜かなければならない。ところが、ケージに収容したうち、一羽の母鳥は子育てがうまくない。ヒナが相次いで死んでいく。ヒナが二羽まで減り、中村は決断した。ケージの近くに五羽のヒナを連れた母鳥がいる。いま収容している家族とこの家族を入れ替えるしかない。このままでは、最大でもヒナ二羽だけの家族になってしまう。

ライチョウは、母鳥が天敵に襲われるなどして死んだ場合、近くの母鳥が残されたヒナを引き取る習性があることを、中村は長年の調査から知っていた。

新たに五羽のヒナを連れた母鳥に、これまでケージ保護していたヒナのうち一羽をこの家族に加えてケージに収容した。ヒナは六羽になった。それまでケージ保護していた母鳥には、一羽のヒナをつけて放鳥した。全てのヒナを母鳥から引き離すべきではないと考えたからだ。

ヒナたちも次第に大きくなっていった。悪天候続きだったが、スタッフたちの努力で中央アルプスへのヘリ移送に向けた準備が着々と整いつつあった。

ただ、私には気になることがあった。不安に近いものだ。中村と小林の師弟関係に不協和音が生じ始めている。それは、小林が環境省職員になってからだと感じている。ケージ保護が始まった後、不協和音は徐々に大きくなっているように思えた。

ケージ保護では、スタッフが少しでも気を抜けば、ヒナが死んでしまうことさえある。そのスタッフを指導できるのは、中村と小林しかいない。だが、小林の本業は、この年の春から環境省の職員である。ケージ保護の仕事だけをしているわけではない。一方、中村は、そんな事情を考慮しない。ライチョウのヒナを守り抜くことしか頭にないのだ。

ケージ保護で前線基地となる肩ノ小屋までは車道が延びている。小林は環境省の車で長野市から現場まで来ている。

ある時、小林がケージ保護の作業をしている中村に話しかけた。

「ほかの課が明日、車を使うので、車を返すため僕はいったん下山しようと思います」

中村は、小林の言葉をさえぎり、強い口調で言う。

「車だけの問題か」

さらに厳しい口調でまくし立てる。

「とにかく現場が一番大事なんだからね。小林君は、現場を支える態勢をつくるのが仕事なんだよ。自分たちの都合だけで動いたらだめだ。何が起こるかわからないのだから」

中村の怒りを鎮めようと小林は説明する。

「だから明日には戻ってきます」

しかし、中村は聞こうとしない。

「今までもさんざん言ってきたはずだ。それを小林君は何もわかっていない」

二人の間には沈黙と気まずい空気が流れる。小林を呼び捨てにはしなかったが、中村の怒りは尋常ではない。

福田が信越自然環境事務所に勤務していた二〇二〇年三月までは、現場は中村と小林が、環境省の業務は福田が担い、役割分担がはっきりしていた。

ところが、福田が転勤して代わりに小林が環境省職員になった後、その絶妙なバランスが崩れてしまった。ライチョウ復活作戦で小林は、環境省職員として様々な業務をこなさねばならない。小林の肩書は、生息地保護連携専門官である。会議の資料作成や、ケージを設置するため森林管理署への許可申請など多忙を極める。そのうえ、中村と一緒にケージ保護の作業までこなさなければならない。

中村にとっては、それまでのように小林を意のままに使えなくなったのが不満の種でもある。すでに飛来メスの卵の入れ替え作戦は、サルの襲来で失敗している。乗鞍岳からのライチョウ家族移送作戦には、背水の陣で臨んでいるのだ。

中央アルプスの復活作戦は、中村が発案し、大学や動物園、ケージ保護のスタッフら大勢が協力する環境省の一大プロジェクトである。

私は、中村から弱音ともいえる心情を聞いたことがある。

「ライチョウにはね、何が起こるかわからないのです。飛来メスの卵の入れ替えも想定外のサルで失敗しました。不安ですよ。でも責任は全て私が引き受ける覚悟です。孤独ですね」

ライチョウの研究には、ほかの鳥と違って四季を通じて高山帯への登山という重労働が必須だ。このため、若手で研究者のなり手がいない。小林は貴重な存在である。だからこそ中村は、小林にはほかの誰にも頼めないような厳しい要求をしていると思う。間違っても小林のことを憎んでいるわけではないはずだ。

小林は、中村の性格を知り尽くしている。端から見ていると、パワハラを受けているとしか思えないが、本人に中村評を聞くと意外な答えが返ってきた。

「中村先生は太陽のような人です。遠くから接している分には、温かくて優しい人です。でも、近づきすぎると熱くて耐えられないこともあるのです。僕は水星か金星の軌道を回っているようなものです。地球軌道を回っている近藤さんには無害な存在なのでしょうね」


復活作戦の取材は、ほとんどが山小屋泊まりとなる。目的は、ライチョウの調査かケージ保護だ。中村か小林のどちらかが、「リーダー」となり、二人がそろうことはあまりない。

中村の調査に同行するときは、やはり緊張する。フィールドに出た時の中村の放つオーラは半端ではない。何しろ土砂降りや強風の中でも、高山の稜線を黙々と歩き回ってライチョウを探し続ける。悪天候であっても、雨風をしのいで休憩する場所さえない。私は、弱音を吐くことなどできない気持ちになる。

一方、小林だとそんな緊張感はない。私は、あくまでも取材対象である若手研究者として小林と接することができる。もちろん、日中の行動は、中村同様にハードな内容だ。中村の教え子である小林も、妥協せず粘り強く調査を続ける。

山小屋の夕食後、小林と酒を飲む時、私は愚痴の聞き役になる。

「中村先生には今も怒られ続けているんだよね」「だからさあ、僕が説明しようとしても、『言い訳をするな』と聞いてもらえないからまいっちゃうよ」

復活作戦がスタートした後、長野朝日放送のカメラマン・沖山から言われたことがある。

「近藤さんと小林さんの会話を聞いているとハラハラします。かなり年上の近藤さんに対して、小林さんはタメロですよ。近藤さんは気にならないのですか」

指摘されるまで気にもとめなかった。ただ私と話す時、小林は「近藤さん」と呼んでくれる。ところが、ケージ保護のスタッフから、「小林さんは、近藤さんがいないと『コンちゃん』と言っていますよ。小林さんは近藤さんを慕っているのですね」と聞かされた。

それを聞くと調子のいいやつだなと笑えてくるが、小林との同行取材は、本当にくつろいだ気分になれるのも事実だ。これも、ライチョウ取材の魅力なのかもしれない。

私は、中村が小林に対してあまりにも厳しすぎるのではないかと疑問を感じ続けていた。それを中村に指摘すると、いつものように困ったような表情を見せてこんなエピソードを教えてくれた。

信州大学教授だった六〇代前半のころ、研究室の学生から言われたことがあるという。

「中村先生は鳥の気持ちがわかるというのなら、もっと人の気持ちをわかってください」

中村は、学生の言い分を聞いて驚いた。自分の考えが全く伝わっていなかったからだ。

「学生を厳しく指導するのは、卒業後、どんな分野に進もうと独り立ちできる人材を育てたいと考えるからです。一時の温情だけで甘やかしてはいけないと思います。将来を見据えて、本人のためによかれと思ってのことなのです」

うーん。やはり中村は学生の気持ちが理解できていない。中村の指導はアカデミックハラスメントとしかいえないレベルだ。

「先生、それでは今どきの学生は耐えられませんよ」

私はこんな突っ込みを入れたくなったが、ぐっとその言葉をのみ込んだ。

舞台は中央アルプスに戻る。

私は、カメラマンの杉本と再びタッグを組むことにした。

「乗鞍岳のヘリ移送は代表撮影になる。朝日新聞がやろう」

小林は、慣れないメディア対応に不安を感じたのか、たびたび、代表撮影の対応について私に相談してきた。何度かやりとりをするうち、小林との信頼関係が強くなってくるのを感じた。テレビに関しては、長野朝日放送のディレクター・仁科が、小林の相談相手になっていた。

ヘリ移送は、七月二三日に実施されることになった。ケージは木曽駒ヶ岳山頂直下の頂上山荘の上の斜面に設置されている。環境省職員やケージ保護のスタッフは、現場に近い頂上山荘に宿泊する。夏山シーズンで一般登山者も泊まるため、報道関係者は、少し離れた天狗荘への宿泊が決まった。

ヘリ移送の手順はこうだ。まず、乗鞍岳で中村と小林がヘリに乗り込む。ライチョウは家族ごとに段ボール箱に収容する。中で暴れないよう洗濯ネットに母鳥とヒナを別々に入れておく。乗鞍岳と中央アルプスの雲の状況を見て飛行できるかどうかを判断する。

これまで、動物園での飼育や繁殖のためライチョウを移送する際は、車で運んでいた。復活作戦でヘリによるヒナの移送は初の試みとなる。回転翼の音や激しい振動など、ライチョウに与える影響はまだわかっていない。果たしてライチョウたちは、ヘリの飛行に耐えてくれるだろうか。

前日の二二日、翌朝の取材に備えて杉本と二人で中央アルプスに登った。その日の午後、頂上山荘で、信越自然環境事務所の有山が、ヘリ移送について囲み取材を受けていた。ヘリの着陸時の注意やケージ保護について説明していた時のことだ。誰かがいきなり大声を上げた。

「サルだ！」

頂上山荘東側にある高山植物のお花畑でニホンザルが数匹、高山植物を夢中になって食べている。

周囲を見回すと、斜面から続く中岳の稜線の岩場にもサルの姿が確認できた。全体で三〇～五〇匹はいるだろうか。子ザルを背負った母ザルもいる。私たちとの距離は、最も近いサルで約五〇メートルしかない。だが、サルたちは全く人間を恐れる様子はない。夢中になって軟らかそうな高山植物の葉を食べている。

杉本はシャッターを切り続け、長野朝日放送のカメラマン・沖山は、三脚を立ててカメラを回し続けた。

報道陣の囲み取材で私が有山にコメントを求めると、深刻な表情で答えた。

「残念ですが、サルが高山植物を食べている姿を確認しました。ライチョウとの餌を巡る競合関係が心配です。この場所はケージ保護後のライチョウの放鳥予定地でもあり、サルの生息数などの調査が必要となるでしょう。いずれにしても何らかのサル対策が必要です」

取材の様子をテレビカメラで撮影していた沖山が、笑いながら話しかけてきた。

「近藤さん。有山課長に質問する時、サルのことを『やつら』と言っていましたよ。テレビじゃ、このコメント使いにくいなあ」

サルは、飛来メスが抱卵して孵化させたヒナを全滅に追い込んだ憎むべき存在だ。ましてや、この群れはその犯人たちの可能性もある。私は、公正・中立報道を忘れていた。

サルたちに悪意はない。彼らが高山帯に侵入してきたのは、理由があるという。過疎化が進んで里山が荒れ放題になり、ハンターの高齢化も進んだ。動物たちが急増して住宅難、食料難となって生息域を広げたせいだ。中村に言わせれば、サルも人の影響を受けて行動を変えざるを得なかった被害者である。だからサルを憎む気持ちにはなれないという。

それでも私は、中村のような達観した気持ちにはなれない。どうしても、サルのせいでヒナたちを失った飛来メスの悲哀に思いが至ってしまう。

二三日は朝から悪天候に見舞われた。午後五時までに天候判断し、ヘリ移送を行う。二三日に移送できなければ二四日以降に順延される。この時点で今回の順延の期限は二六日だ。雨の中、雨具を着込んで頂上山荘に行き、有山たちとフライトを待ったが、天候は回復せず中止となった。

翌二四日も朝から雨が降り続く。長期戦を覚悟する。午後、頂上山荘で有山が今後の方針を説明した。

「今回はいったんヘリ移送を見送り、仕切り直しとします。八月になっても天候回復の見込みがない場合、今年度のヘリ移送はあきらめます。来年、再度、乗鞍岳のケージ保護とヘリ移送をすることになると思います」

何ということだ。それでは、乗鞍岳でライチョウをケージ保護して、乗鞍岳で家族を放鳥するだけのことではないか。飛来メスの「卵の入れ替え作戦」も結果を出せなかった。つまり、この年の復活作戦は、何もなかったことになってしまう。ただ待つだけの時間が過ぎていく。この予定変更の方針を、乗鞍岳でケージ保護をしていた中村が聞いて激怒したという。

七月三一日、杉本と二人で再び中央アルプスに行った。天気は良く、翌日も好天の予報だった。

八月一日、雲はあるが、中央アルプス一帯は朝から晴れていた。ついに、長かった梅雨がこの日明けた。夏山最盛期とあって、木曽駒ヶ岳を目指す登山者の列が続いている。ヘリポートは、木曽駒ヶ岳頂上直下で複数の登山道が交差する一〇メートル四方の平坦地に設けられた。私は不安になった。果たしてこんな狭い場所に大きなヘリコプターが安全に着陸できるのだろうか。

午前一〇時過ぎ、待望のヘリ離陸の連絡が入った。頂上山荘前にはテント場がある。当時、一〇〇人近い登山者で賑わっていた。ヘリポートと交差する登山道が安全確保のため一時的に閉鎖された。

環境省専門官の鈴木規慈《のりやす》が、登山者たちに呼びかけていた。

「まもなくライチョウの家族を乗せたヘリコプターが到着します。着陸地点はヘリの回転翼の吹き下ろしによる強風で非常に危険です。ヘリが着陸するまでテント場で待機してください」

鈴木は、登山者一人一人に謝礼の栞《しおり》やクリアファイルなどのライチョウグッズを配り、テント場へ誘導する。その後、ヘリ着陸時の耐風姿勢など対処法を説明した。登山者たちは鈴木の指示に従って「体育座り」をしてヘリの到着を待っている。

午前一〇時一八分、轟音《ごうおん》とともにヘリがやってきた。ゆっくりとこちらに近づいてきた、と思う間もなくヘリはわずかな平坦地に鮮やかに着陸する。すぐに段ボール箱三箱が機内から下ろされる。続いて緊張した面持ちの中村と小林が姿を現した。随分と長い間待たされたが、作業はわずか数分で終わった。

ヘリが飛び去って安全が確保されると、テント場で着陸を見守っていた鈴木は登山者に頭を下げた。

「ご協力いただき、ありがとうございました」

すると、座っていた登山者たちが、一斉に立ち上がって拍手をし、歓声を上げた。

「おめでとうございます」

「よかった。よかった」

湧き上がる歓声を聞いて、私は涙腺が緩んでしまった。

ヘリの飛行時間は、わずか一六分間だったが、初挑戦は成功した。ライチョウたちは無事にヘリの移送に耐えてくれた。これで、ヘリによるライチョウの移送という技術が確立されたことになる。復活作戦は、こうした試みの積み重ねでもある。

ヘリ離陸後、まもなく周辺はガスに包まれて視界がきかなくなった。あと数分でも到着が遅れたら、今回のフライトは成功しなかっただろう。復活作戦には、いつもハラハラドキドキがつきまとう。次に何が起きるのかわからない。私はますますライチョウ取材から目が離せなくなった。

着陸から三〇分後には、三家族計一九羽が家族ごとに三つのケージへ収容された。これで飛来メスと合わせて中央アルプスの生息数は、一気に二〇羽に増える。三家族はケージ保護して中央アルプスの環境に慣れさせ、八月三日に一ケージ、八月七日に計二ケージのライチョウ家族が放鳥された。

八月二七日、放鳥後のライチョウたちを撮影するため、私と杉本は再び、木曽駒ヶ岳を訪ねた。中村が一人で放鳥後の生息調査をすると知り、現地で合流することにした。

午前一一時ごろ、頂上山荘に到着すると、中村が珍しく愚痴をこぼし始める。

「ダメです。こんなに天気がいいとライチョウたちは姿を見せてくれません。昨日から来ているけど収穫なしです」

とりあえず中村と一緒に、登山者が目撃した場所でライチョウを探すことにした。

中村にとって、私と杉本は調査の重要な戦力でもある。中村と一緒にハイマツの群落に分け入って広範囲を探した。

午後一時半、中村が大声で叫んだ。

「ライチョウがいました！　ヒナ六羽もいます」

あわてて中村のもとへ駆け寄ると、ライチョウ家族がいた。群れともいえる数だ。中村が驚いた。

「飛来メスが家族に合流している」

群れは、成鳥のメス二羽とヒナ六羽の計八羽だった。放鳥した成鳥には、左右に足輪を計四つ着けてある。しかし、飛来メスは、まだ足輪を着けていない。だから足輪のない成鳥は飛来メスである。足輪の確認で群れの構成がわかった。ケージ保護後の放鳥から二〇日近く過ぎたが、ヒナは一羽も欠けず、無事に成長していた。さらに、家族と合流した飛来メスは、まるでママ友のように行動している。中村にとって、この時期にメス二羽と成長したヒナ六羽の大家族は、中央アルプスで初めて見る光景だった。

中村は感慨深げに語ってくれた。

「今日の成果は満額以上の回答でした。飛来メスは、たった一羽で中央アルプスの厳しい冬を幾度も乗り越えてきました。合流した家族に今、新天地で生きていく術を教えているのです」

中村は、飛来メスに対する思い入れが強い。飛来メスは、私たちに何も語ってくれないが、家族に寄り添う姿が教えてくれた。ライチョウを巡る中村のジグソーパズルに、また新たなピースが加わった。

その後も、登山者の目撃情報などから三家族と飛来メスの無事が確認された。ただ、中村が心配するように、来春の繁殖期までそのうち何羽が生き残るかが復活作戦の鍵を握る。

ライチョウのヒナは、九月末〜一〇月、母鳥から離れて若鳥となる。その後は、独立した若鳥同士や成鳥の群れに加わった秋群れをつくる。この時期を指すのに、研究者たちは、「親離れ」とか「独立」とかの表現を使う。次の調査は、親離れの確認となる。

一〇月三〇、三一日、小林は、この年最後のライチョウ生息調査を行った。中央アルプスは、すでに降雪があり、ライチョウたちは真っ白い冬羽になっていると予想していた。調査には、私と杉本の朝日新聞ペアと、長野朝日放送の仁科、沖山ら報道陣が計六人同行した。私たちは、小林をサポートする調査員としての役割も担う。当初、中村も参加予定だったが、私用で参加できなかった。

九月上旬までの生息調査で、中央アルプスには飛来メスと乗鞍岳から移送した三家族を合わせて最大二〇羽のライチョウが生息していると中村は考えていた。ライチョウたちは木曽駒ヶ岳周辺にいるはずだ。それでも広大なエリアにわずか二〇羽しかいない。小林一人では確認が難しい。報道陣が協力しないと見つからないのだ。

二日間とも快晴に恵まれた。だが、好天だとライチョウは姿を現さない。初日から七人が分散して雪の積もったハイマツの群落がある場所を中心に探したが、見つかったのは糞や足跡のみ。宿泊先の宝剣山荘に戻るころには、日が暮れてヘッドライトが必要だった。一日中歩き回っても結果が出ない。出だしから全員が疲労困憊していた。

好天でも、早朝はライチョウが餌を食べる。観察のゴールデンタイムだ。二日目は、未明から調査を始めた。出発時の気温は零下一〇度。時折、強風が吹き、山はすっかり冬山の様相になっていた。

午前七時前、小林の携帯電話が鳴った。相手は中村。都合がついて急遽、午後からやってくるという。だが、まだライチョウは見つかっていない。中村が不参加とあって小林も報道陣も気が緩んでいたのだ。結果を出さなければ、中村が怒るのは容易に予想がつく。全員が気を引き締め、三班に分かれてライチョウ探しを再開した。

午前八時ごろ、小林と一緒にライチョウを探していた杉本から、別の場所で探していた私に携帯電話で連絡があった。

「ライチョウが見つかりました。すぐ来てください。先ほどみんなで探した木曽駒ヶ岳山頂西側の斜面です」

あわてて駆けつけると、小林が雪の積もった急斜面でライチョウに近づいていた。釣り竿の先にワイヤの輪がついた捕獲器で一羽ずつ捕まえていた。

杉本によると、すでに探した斜面に小林がこだわったという。

「やはり気になります。もう一度探しましょう」

単独で尾根から下って探し続け、ライチョウを見つけた。小林の執念が実ったのだ。

斜面にいたのは、オス三羽とメス二羽の若鳥が集まった秋群れだった。五羽とも足輪が一個しか着いていない。成鳥は左右に計四個の足輪が着いているので、全て若鳥とわかった。大きさは成鳥とほぼ同じ。別々の家族の若鳥たちが無事に親離れし、秋群れになっていた。

ライチョウのヒナは、秋群れになるころまで容貌だけでは雌雄がわからない。中央アルプスに二〇羽いるうち、性別がわかっているのは飛来メスと乗鞍岳からの母鳥三羽の計四羽だけだ。冬羽になったライチョウは、オスがくちばしから目まで黒い部分がつながっている。メスはくちばしと目以外は黒くないので、見た目で容易に雌雄がわかる。若鳥の秋群れの発見だけでなく、若鳥の中にオスが確認できたことは大きな収穫だった。オスがいたことで来年の繁殖が期待できる。

ライチョウは孵化の翌年から繁殖が可能になる。これで少なくとも二つがいができる。今後、他の家族の若鳥にもオスが確認できれば、さらにつがいの数は増える。

小林は、洗濯ネットに入れたライチョウを持って尾根に上がってきた。「近藤さん、足輪を着けるのでライチョウをネットごと持っていてください」。バネ秤《ばかり》にライチョウが入ったネットをつるして体重を測る。喉の奥に綿棒を入れて鳥インフルエンザの検査をした。作業を続けながら、小林は独り言のようにつぶやいた。

「よかったね。本当によかったね」

小林は、足輪を着けたライチョウを一羽ずつ続けて放鳥する。私は、元いた場所である手前の斜面に飛んでいくと思ったが、違った。三羽は、隊列を組むように一キロ近く飛行して尾根の向こう側に舞い降りた。

「よかったね」の意味は二通りある。一つはライチョウが見つかったこと。もう一つは、これで中村に怒られないうえ、喜んだ顔が見られるという安堵の気持ちを意味する。小林にそう指摘すると、「中村先生の機嫌を気にするのは近藤さんだけですよ」と笑った。

小林は慎重に言葉を選んだが、復活に向けて手応えを感じていたようだった。ライチョウは、冬の生存率が非常に高いので、ここまで生き残ってくれれば、繁殖期の来春までは安全圏にたどり着いたことになる。ライチョウたちはテンやキツネなどの天敵が近づけないような険しい斜面で群れをつくっていたからだ。

宝剣山荘に戻ってしばらくすると、登山装備の中村がやってきた。小林は、待っていましたとばかりに報告する。

「木曽駒ヶ岳山頂直下の斜面で五羽を見つけました。いずれも若鳥でした」

中村は満面の笑みを浮かべて小林をねぎらった。

「よく見つけてくれました。朝の小林君の連絡だと、まだライチョウを見つけていないとのことだったので、心配していたからね」

小林は誇らしげに言った。

「必死でした」

その様子を見ながら、私は安心した。今も師弟関係は健在なのだ。

中村は感情を素直に表現する。うれしい時は、怒った時以上に体全体で表現する。だから、小林はどんなに厳しくされてもついていくのだろう。私や杉本、長野朝日放送のスタッフも中村の笑顔を見るため、ライチョウを探し続けたのだと気づいた。

中村はその後、二日間一人で山に滞在し、残りの家族の若鳥も見つけ、無事を確認した。オスの若鳥はほかにもいることがわかった。

復活作戦は、いよいよ来春、移送したライチョウたちによる自然繁殖という高いハードルに挑む。私は、ライチョウたちが無事に越冬してくれることを心の底から願っていた。

第五章　半世紀ぶりの朗報

二〇二〇年一〇月。八月一日に乗鞍岳からヘリコプターで運んできたヒナたちは、無事に親離れをして若鳥に成長していた。

翌二〇二一年、復活作戦は半世紀ぶりとなる中央アルプスでの自然繁殖に挑む。だが、それはまだ通過点にすぎない。環境省は水面下で、野生復帰をも使った中央アルプスでの個体群復活を最終目標に見据えていた。環境省が定義する野生復帰とは、動物園で繁殖させた個体を自然の生息地に戻して定着させることをいう。ライチョウでは初の試みとなる。

前年の九月、自然環境研究センター上席研究員の兼子《かねこ》峰光《みねみつ》は、長野県白馬村の白馬五竜高山植物園を中村と一緒に訪れた。同園はライチョウの餌となる高山植物を栽培しており、視察が目的だった。この時、移動する車の中で突然、中村から「兼子さんに相談があります」と言われた。

兼子にとって、中村の相談はほとんど命令に近い。しかも常に難題ばかりだ。「これは危ないな。また赤紙が来たぞ」という気持ちになる。相談内容は、一一月に岐阜市で開かれる「ライチョウ会議ぎふ大会」での講演依頼だった。

できあがったプログラム表を渡された。講演テーマは「中央アルプスにライチョウ個体群復活は可能か?」とある。中央アルプスでライチョウを個体群として復活させる具体的な方法や放ったライチョウの将来予測について発表してほしいという。発表要旨の提出締め切りは一週間後。相談以前にすでに決定事項なのだ。

公開講演なのに、一カ月余り前でこんなに厳しいお題はなかなかない。ライチョウとかけまして、中央アルプスの個体群復活と解いて、果たしてどういう答えを出さなければならないのだろうか。

兼子は絶滅危惧種保全のプロである。これまで二桁の種の希少種保全事業を手がけてきた。ツシマヤマネコを筆頭に爬虫《はちゅう》・両生類や魚類、昆虫類、貝類、植物など、場所も高山帯から南の島まで様々だ。役割は、事業を具体化するための計画案を設計するプランナーや、専門家や実施関係者の調整をしたりするコーディネーターといったところだろうか。

兼子は、保護増殖事業が始まる前の二〇一〇年ごろからライチョウ保全に関わってきた。事業を実現させるために必要な技術や人員の確保、法令の確認などに精通している。人付き合いが得意でない中村の話を粘り強く聞いて、これまでも様々な策を編み出してきた。中村が最も信頼する名参謀といえる。

兼子も中村の能力を信じている。その理由は、第一にライチョウの動きを読む直感力と洞察力の鋭さだ。兼子は、中村はムツゴロウの愛称で知られた畑正憲《はたまさのり》のような側面のある人物だと感じている。誰よりもライチョウと多くの時間接しており、誰よりもライチョウを知り尽くしている。ライチョウがどんな行動をするのか、表情や微妙な動きだけで予測できる。理屈ではない。肌感覚でわかっているようなのだ。それを生み出しているのは、中村の才能とともに超人的ともいえる努力の積み重ねだと考えている。

第二に、目標を据えたら、あきらめずにやり遂げる能力だ。寒さや悪天候など劣悪な環境の高山帯で、それを気にせず仕事をやり続ける。決してあきらめずに結果を出し続けてきた。「私は失敗しません」という中村の発言は伊達ではない、と兼子は言う。

その結果、七〇代になっても、年間一〇〇日を超す高山帯での調査をこなし、乗鞍岳でほぼ全てのライチョウに足輪を着ける個体識別による調査までやり遂げる。中村以外には決してできないことだ。この積み上げと経験的な裏付けがあるので、ケージ保護に象徴される独創的ともいえるアイデアが出てくるのだろうし、事業の結果も残せるのだ。

ただ、中村は人とのコミュニケーションが得意ではない。自分の目で見たもの以外はなかなか信用しないため周りは混乱する。「私は鳥の気持ちがわかる」などと言い、無用な軋轢《あつれき》を生じさせることがある。妥協を許さず、調査やケージ保護で自分の意思が伝わらないと、相手を怒鳴りつける性格も誤解を招くことになる。兼子は、中村と関係者との調整役も担っている。

二〇一八年に飛来メスの発見があり、ここから中央アルプスのライチョウ復活作戦が始まった。個体群復活について兼子は、現地でケージ保護をすればライチョウを増やすことは可能だと思った。だが、動物園で繁殖させたライチョウを生息地に放す野生復帰は、あまりにもハードルが高いと考えていた。

その理由は、腸内細菌の問題だった。ライチョウが餌とする高山植物には毒素を含む種類が多い。毒素を分解したり、消化を助けたりするために特殊な腸内細菌が必要なのだ。それも一種類だけでなく膨大な種類が必要とされる。ヒナたちは孵化後一週間までに、母鳥が出す盲腸糞を食べて必要な腸内細菌を獲得するのだ。この時期を逃すと、この特殊な腸内細菌は後から獲得することができない。高山植物の消化に特化した腸内細菌が増える前に、普通の腸内細菌が居座ってしまうためらしい。

現在、複数の動物園で飼育しているライチョウたちは、乗鞍岳のライチョウの巣から採取した卵を移送し、人工孵化させて人が育てた個体が由来となっている。このため、各施設で飼育中のライチョウは、盲腸糞を食べていない。つまり、母鳥から高山で生きていくのに必要となる腸内細菌を受け継いでいない。仮に、彼ら動物園生まれのライチョウを自然に戻しても、高山植物の毒素を分解できない。ほぼ確実に死が待ち受けている。

実は、ライチョウの腸内細菌の仕組みや役割が明らかになったのは、つい最近のことだった。それを確認したのは中村である。

二〇一三年夏、中村は、乗鞍岳でケージ保護の実用化を目指していた。孵化直後のヒナ六羽をケージに収容。翌朝、その家族をケージの外に出し、高山植物を食べるのを見守っていた。一〇分間ほど採食した後、体を温めるためヒナたちは母鳥のお腹の下に潜り込んだ。五分後、母鳥は立ち上がり、ヒナたちはお腹の下から一斉に出てきた。

その時、母鳥が盲腸糞をした。草食性のライチョウは、食物繊維を消化するために長い盲腸を持つ。その盲腸から出されるドロドロした糞が盲腸糞だ。通常の糞は、直腸から排出される乾いた糞、直腸糞である。野生のライチョウが盲腸糞をするのを確認するのは、回数が少ないために難しいが、ケージ保護だと常時、ライチョウの行動観察が可能だ。

中村は、この後ヒナたちが奇妙な行動をとったことに気づいた。ヒナたちはいつものように母鳥についていかず、母鳥が出した盲腸糞の周りに集まったのである。何をするのだろうか。観察を続けると、ヒナたちは約四〇秒間、盲腸糞をついばんだ。その後ヒナたちはあわてて母鳥の後を追った。

ヒナが去った後、盲腸糞を確認すると、ついばんだ跡がいくつも残っていた。この行動は何を意味するのだろうか。中村は長年、鳥の研究をしているが、こんな行動を見たのはこの時が初めてだった。

盲腸糞の中には、消化を助ける細菌が多く存在するのは知られている。中村の脳裏にある仮説が浮かんだ。

もしかしたら、盲腸糞を食べることでヒナたちは消化を助ける細菌を母鳥から受け取っているのではないか。

人間の子どもは、初乳を飲むことで、母親の持つ免疫を受け継ぎ、病気や感染症にかかりにくくなる。ライチョウのヒナが母鳥の盲腸糞を食べることは、母乳とは異なるが、似たような仕組みであるのかもしれない。


この疑問が氷解したのは、二〇一五年に静岡市で開催された「ライチョウ会議静岡大会」だった。

動物の腸内細菌について研究している京都府立大学大学院教授（現・中部大学教授）の牛田《うしだ》一成《かずなり》が「野生ニホンライチョウの腸内菌叢《きんそう》の特徴と飼育下スバールバルライチョウの腸内菌叢再構築の試み」と題した発表をした。

質疑応答で、中村が質問する。

「乗鞍岳のケージ保護の際、ライチョウのヒナが母鳥の盲腸糞を食べるのを確認しました。これは、食糞によって腸内細菌を獲得しているのですか」

牛田は笑顔で答える。

「その通りです。例えば、コアラの赤ちゃんも母親の盲腸糞を食べることで腸内細菌を獲得します。同じ仕組みですね」

次に小林が質問する。

「それでは腸内細菌を持っていない動物園育ちのライチョウに高山植物を与えても意味がないというか、消化できないということですか」

これに対して、牛田が説明する。

「おっしゃる通りです。野生の植物は多くの毒素を持っているので、腸内細菌を持っていないと消化できないどころか衰弱し、死に至る可能性が高いのです」

牛田の回答は明快だった。会議に参加した関係者たちに共通認識が芽生えた。ライチョウの飼育には、腸内細菌の獲得が不可欠である、と。

会議に参加していた兼子は、牛田の発表に衝撃を受ける。すぐ牛田に会いに行き、環境省の研究費を獲得するよう勧めた。これをきっかけに半年後、牛田が中心となってライチョウの腸内細菌を研究するプロジェクトが立ち上がる。ライチョウを飼育する動物園も協力するチームワークが実り、ライチョウの腸内細菌のメカニズムが明らかになっていったのだ。

兼子は、白馬村を訪れた際、中村からもう一つの依頼も受けていた。

「域外保全に関わる動物園の人たちだけでは、腸内細菌の問題や寄生虫コクシジウムによる感染症という難関があり、いつまでたっても野生復帰のめどが立ちません。この問題を解決するには、山の上でケージ保護した家族を動物園に下ろすしかありません。そうすれば、この二つの難問を解決でき、野生復帰が可能となります」

話を戻す。

二〇二〇年一一月八日、岐阜市で開かれた「ライチョウ会議ぎふ大会」で、兼子は中村から依頼された中央アルプスの復活作戦について講演した。

「来年、中央アルプスのケージ保護で繁殖したライチョウ家族の中から、複数の家族をヘリコプターで動物園に下ろします。その中から動物園で繁殖させた家族を中央アルプスに野生復帰させます」

えっ、どういうことだ。会議を取材していた私は、兼子が説明する想定外の内容に引き込まれた。

兼子は強調する。

「ライチョウの野生復帰というのは、かなり難しい部類に入ります。ただ増やせばよい、という話ではありません」

かいつまんで書くと、動物園で飼育するライチョウの腸内細菌獲得の課題は、野生のメス親個体を使えば解決できる。野生の個体なら特殊な腸内細菌をすでに持っているからだ。母鳥とヒナを家族ごと中央アルプスから移送して、次の年に動物園で繁殖させて、その次の世代のヒナに野生由来の母鳥の盲腸糞を食べさせる。

動物園でうまく飼えるなら天敵に襲われる心配もないし、悪天候からヒナを守る必要もないため、効率のよい増殖が可能になる。うまくやれば現地でケージ保護するより手間はかからない。また、そのノウハウを使えば飼育個体を野生復帰させる技術を確立する足がかりになる。

このとき、中央アルプスに生息しているライチョウは、一羽の飛来メスと乗鞍岳から移植した三家族からスタートすることになるので、近交弱勢《きんこうじゃくせい》の心配がある。ところが、すでに飼育している同じ乗鞍岳由来となる動物園から卵を提供してもらって入れ替えることで、より多くの親の系統を中央アルプスに残せる。

ただし、腸内細菌を持ったライチョウだと、動物園の飼育環境や飼育用の餌で腸内細菌を維持できるのかについては検証例がない。従って野生個体の飼育自体が技術開発上のポイントになる。このため、手順はとても複雑だ。

兼子は最後に、「しかし、これもやってみないとわかりません。一応、野生復帰を目標にして、来年度から取り組んでいく、という話になるかと思います」と締めくくった。

中央アルプスでのケージ保護や捕食者対策も大事だが、復活作戦の目玉の一つは、野生復帰による現地での個体数と遺伝的多様性の増加がある。動物園で繁殖させて、個体数と遺伝的多様性の利息をつけて野生に戻そうというのだ。

野生のライチョウを別の場所に直接移送する方法もあるが、羽数もそれなりに必要で、本来の生息地から個体を間引くことになるため、元の地域個体群への負担が大きい。動物園だと、最初の原資確保の負担はあるが、その後は施設で増殖した個体なので、自然への影響を最小限に抑えることができる。うまくいけば飼育個体を安定的に野生復帰させることが可能になるのだ。

兼子が講演した段階で、環境省はライチョウ家族を動物園に移送する取り組みをまだ明らかにしていない。一般公開されている「ライチョウ会議ぎふ大会」での講演である。私は、兼子に「こんな重要な内容を話して大丈夫ですか」と聞いた。

兼子の説明は納得できるものだった。復活作戦には、生息調査やケージ保護、動物園、腸内細菌の研究など数百人規模の人が関わる。全員が一つの方向にまとまらないと成功しない。環境省の公表は来年の三月だ。公開の場で事前に発表することで、あらためて困難に立ち向かう意思統一ができ、その準備に取りかかることができると兼子は言う。

兼子はこんなことも言った。

「そもそも中村先生の要求が異常に高いのはわかっています。しかし、ライチョウに関しては中村先生の残してきた実績を見ると正しさは明白です。だから、私は関係者に超体育会系の説明をしています。神の鳥ライチョウの保全は甘くない。手を抜けば立ちどころに失敗する。だから中村先生の指示に従え。言い訳は一切聞かない。どうやったら中村先生のプランが実施できるかを最優先で考えろ。どうしてもできないことや不都合がある時だけ具申して相談せよ」

中村の参謀役としては、これほど適任の人物はいないと感じた。その後、私は中村、兼子と三人で鍋を囲んだことがある。兼子は、ひたすら中村の聞き役に徹していた。お世辞を言ったり、おだてたりするわけではない。中村が何を考えているのか、笑顔で質問を投げかけて時折、あいづちを打って確認していたのだ。

年が明けて二〇二一年三月、環境省は、兼子の説明通りライチョウ家族を中央アルプスから動物園に下ろすことを発表した。最終的に決まった動物園は、長野市の茶臼山《ちゃうすやま》動物園と栃木県那須町の那須どうぶつ王国の二施設だった。

計画では、動物園に二家族を下ろすため、最大五家族をケージ保護する。私は、いつもながら手間のかかる作業が続くと感じた。

四月下旬から六月上旬になわばり分布調査をし、六月中旬から六月下旬に巣を探す。六月下旬から八月上旬は、ケージ保護の時期となる。そして、八月上旬、ライチョウ家族を動物園にヘリコプターで移送する。

復活作戦の現場で指揮を執る中村と環境省の小林が、信越自然環境事務所で記者会見して詳細を説明した。

中村は決意を込めて言った。

「今年は正念場の年になります。山から動物園にライチョウ家族を下ろして再び山に戻します。今までにない高いハードルですが、成功すれば、中央アルプスにライチョウを復活させる事業の大きな弾みとなります。その後はうまくいくはずです」

復活作戦をずっと取材してきて、いつも感じることがある。それは毎年のように、より困難な挑戦が始まる、ということだ。言い出しっぺはいつも中村だ。

研ぎ澄まされた鋭い直感力と長年の実績に裏打ちされたアイデアは、常人とは全く違う別世界を見ているようだ。中村が思い描くイメージを、様々な分野の専門家たちが協力して実現していく。中央アルプスのライチョウ個体群の復活作戦が、まさにそれだ。

長年、中村を取材していて感じることは、彼は学者の枠に収まらない人物だということだ。例えばケージ保護だ。普通の学者ならまず思いつかないだろうし、仮に思いついても実行しないだろう。手間も時間もかかりすぎる。

ましてや復活作戦の主人公のライチョウは、絶滅危惧種であり、国の特別天然記念物である。チャレンジが失敗すれば、大きな批判が巻き起こるのは間違いない。あまりにリスクが大きすぎるのだ。その果敢なチャレンジ精神はどこから来たのか、中村に聞いてみた。

中村によると、それは京都大学大学院時代に培ったものだという。中村は大学院に進んで、信州大学在学中と全く違う指導方針に驚いたという。信州大学の教授は、学生をある程度のレベルまで引き上げる努力をしてくれた。手取り足取りの教育である。だが、京都大学は放任主義で、自ら頭角を現せと言わんばかりだった。同じ研究者なのだから指導教官を「先生」と呼んではいけないと言われ、「さん」をつけて呼ぶように指導された。評価されるのは研究の独創性である。過酷な競争を勝ち抜かなければならない。

ただ、大学院生たちの能力は高かった。中村が所属した生態研究室の同期は五人。中村が鳥類で、ほかは哺乳類、昆虫、魚類と、それぞれジャンルが異なる強者ぞろいである。

修士課程の二年目に結婚した中村の自宅に、同期や関西の鳥の研究者が夜な夜な集まるようになった。中村の妻ミエが料理を作ってくれる。仲間からすれば、これ以上ない集会場になったのだ。

中村にとって、違うジャンルの研究内容を聞くことは新鮮だった。その中の一人に、後に絶滅危惧種のアホウドリを復活させた長谷川博がいる。大学院時代の、まるで梁山泊《りょうざんぱく》のような体験が、研究者として独創的な考えを持つようになったきっかけだという。

このころの様子や中村の性格などについて、ミエが語ってくれた。

「京大大学院の仲間の人たちがよく家にきて懇談していました。鳥だけでなく、昆虫や動物などの話を聞き、中村は本当に楽しそうでしたね。当時、中村はカワラヒワの研究をしていて、毎日のように写真を撮ってきて私に見せてくれました。仕事のことで私に愚痴をこぼすことは今もありません。性格ですか。小さなことにこだわる、神経質で頑固な面があると思います。夫婦ゲンカをしても『自分は悪くない』と言って絶対に謝らないので、いつも私が頭を下げることになります。結婚一年目だったでしょうか。中村が何か私を怒らせることをしたことがありました。すると突然、おまんじゅうを買ってきて黙って私に差し出したことをよく覚えています。本人からしたらおわびの意思表示だったのでしょうね」

ライチョウの繁殖期を迎え、復活作戦は正念場を迎える。

五月二七～二九日、環境省は、この年のライチョウの生存確認調査をした。現場では、中村が指揮を執り、複数の調査員が参加した。私とカメラマンの杉本は二八、二九日の二日間、同行取材した。

二八日午後二時五〇分ごろ、木曽駒ヶ岳に近い伊那前岳《いなまえだけ》（二八八三メートル）の稜線を探していた時のことだ。調査員が叫んだ。

「オスが飛んできた」

突然オスのライチョウが飛んできて近くの岩場にとまった。一分ほど周囲を警戒し、再び地形の険しい斜面のハイマツの群落に戻った。

なぜオスが出てきたのか。実は、中村の秘策が実ったのだ。

繁殖期のオスは、自分のなわばりに侵入してきた別のオスを追い払う。この習性に着目し、カセットテープに録音したオスの鳴き声を流しておびき寄せる作戦に出たのだ。調査スタッフの一人が、昭和のなごりともいえるカセットレコーダーを持ってきて、オス独特の「ガッ、ガー」という鳴き声をまき散らした。ライチョウは、自分のなわばりに別のオスが侵入してきたと思い込み、侵入者を追い払うため音源に向かって飛んできたのだった。

中村は大声で私たちに指示を出す。

「オスが飛んできた。必ず近くにメスもいる。探せ」

オスを刺激しないようにハイマツの中に入って近くを探すと、中村の予想通りメスがいた。繁殖期のオスは、目の上の赤い肉冠が発達し、羽は黒っぽい。メスの羽は地味な茶褐色で、それで雌雄が区別できる。足輪を確認すると、このつがいは前年に放鳥したライチョウのうち、違う家族の若鳥同士であることがわかった。

ライチョウのヒナたちは無事に越冬して生きており、近親交配も避けられた。私は、ハイマツの茂みに身を潜め、シャッターを切り続ける杉本に話しかけた。「これで中央アルプス生まれのライチョウが誕生するね」。杉本も、「ついにやりましたね」と声を弾ませた。

オスがメスに近づき、尾羽を広げる求愛行動も観察できた。貴重なシーンを、杉本が撮影する。無事に交尾すれば、いよいよ産卵、抱卵、孵化という一連の自然の営みが完結する。

ライチョウ取材では、こんな劇的な場面に何度も立ち会える。しかも、中村や小林の解説付きだ。それは、高山帯を歩き回って疲れ切った時、まるでご褒美のように突然やってくる。次は、どんな光景が見られるのだろうか。毎回、期待感を抱きながら山に登る。

前年、ヒナたちは乗鞍岳からヘリコプターで中央アルプスに移送された。ケージ保護の後、母鳥と自然の中で過ごし、そして親離れもした。厳しい冬を乗り越え、若鳥同士がつがいとなり、新たな命が誕生する。人間の手で、中央アルプスのライチョウたちがよみがえる日は目の前まできている。

この夜、宿泊した宝剣山荘で、中村からうれしい知らせを聞いた。

「飛来メスが初めて伴侶を見つけました」

この日の早朝、木曽駒ヶ岳山頂付近の調査で見つけたという。前年乗鞍岳で孵化し、ヘリで運ばれてきた若いオスとつがいになっていた。

飛来メスは、復活作戦の立役者だ。

このメスが中央アルプスまで飛んできてくれなければ、復活作戦はきっかけさえつかめなかった。

「飛来メスが、ついにオスと巡り合うことができ、自分の子どもを残すことができます。本当に不幸が続いたので、今度こそ幸せになってほしいと願っています」

中村の口ぶりは、まるで自分の娘の結婚を祝う父親のようだった。

その後、復活作戦は順調に進んだ。六月一三日時点までに、足輪により直接生存を確認できたのは、計一三羽でオス六羽、メス七羽の構成だった。五つがいが確認され、そのうち四つがいは、木曽駒ヶ岳周辺にいた。もう一つがいは、木曽駒ヶ岳近くの宝剣岳（二九三一メートル）から中央アルプス中央部の空木岳《うつぎだけ》（二八六四メートル）の間で確認された。巣は三つ見つかり、いずれも抱卵していた。中央アルプスでは、半世紀ぶりに自然繁殖による産卵、抱卵が確認された。

さらに、糞や足跡から中央アルプス南部と北端には、それぞれ一つがいが別に生息している可能性があることもわかった。

このまま順調にケージ保護までたどり着けば、茶臼山動物園と那須どうぶつ王国にケージ保護した家族をヘリ移送し、動物園で繁殖させることができる。

六月三〇日、巣探し調査のスタッフが宿泊先の宝剣山荘で夕食を終えたときのことだ。中村は神妙な表情で告げた。

「今日は、昨年亡くなった飛来メスのヒナたちの命日です」

前年のこの日、サルの襲来で孵化直後のヒナの死が確認された。中村はヒナたちの尊い犠牲を乗り越えて復活作戦が続いていることを決して忘れてはいない。スタッフたちも改めて復活作戦の成功を誓った。

朗報は七月になっても続く。

待ちに待った知らせは、七月八日の環境省の発表文だった。概要を読んで、私は小躍りして喜んだ。

《絶滅から約五〇年ぶりに自然繁殖により雛が誕生しました。孵化が確認されたのは三つの巣、孵化した雛の合計は二〇羽です。さらに、これら孵化した雛及び母鳥について、捕食者や低温から守り雛の初期死亡を抑えるために高山帯に設置したケージにて保護を開始したのでお知らせします》

リリースと一緒に、ヒナの写真も環境省から提供された。孵化後三日目で、写真から「ピヨピヨ」というヒナ特有の鳴き声が聞こえてきそうな愛らしい様子が伝わってきた。

第六章　早期退職

二〇二一年の中央アルプスでのケージ保護は、六月末から準備が始まった。七月一〇日までに木曽駒ヶ岳周辺で計五カ所にケージが設置された。宝剣山荘に隣接する天狗荘の下の斜面に二つ、木曽駒ヶ岳山頂直下にある頂上山荘の上の斜面に三つ。いずれも登山道から外れた場所である。

五つのケージで保護されたライチョウは、母鳥五羽、ヒナ三四羽の計三九羽に上った。木曽駒ヶ岳以外の山域でも繁殖が進んでいる。中央アルプス全体のライチョウは五〇羽超とみられた。

二〇一八年までは、北アルプス方面からやってきた飛来メス一羽だったのが、わずか三年で五〇倍まで増えている。あとは、ケージ保護をしてヒナを守り切れば、来年には目標の一〇〇羽まで増えそうな勢いだった。

七月一八日、私はケージ保護の様子を取材するため、一人で中央アルプス・木曽駒ヶ岳を訪ねた。

ロープウエーの駅や宝剣山荘などに、中央アルプスのライチョウ復活作戦についてのポスターが貼られ、登山者や観光客の目を引いている。前年に比べ、ライチョウの撮影目的の登山者が増えたと感じる。

ケージは、前年と同様に登山道から外れた場所に設置してあった。環境省の文字が記されたオレンジ色のベストを着込んで、中村に会いに行く。一般登山者と区別するためだ。ちょうど、母鳥とヒナがケージから出て、「お散歩」をしていた。ヒナはまだ孵化して間もないため、よちよち歩きだが、母親をまねて餌の高山植物をせっせとついばんでいる。

晴れた日のケージ保護の作業は、うとうとするくらい穏やかな気分になる。こんな日は中村も機嫌がいい。笑顔で新たな提案をされた。

「ライチョウの腸内細菌を研究している中部大学の牛田一成教授の研究室にノルウェーから女性研究者が留学しています。明日から約一週間、ケージ保護の手伝いと調査のため、ここに来ます。ぜひ取材してください」

面白そうなネタだが、正直なところ戸惑った。取材相手は外国人である。今回は、日帰り取材の準備しかしていないので、出直すしかない。また、あの八丁坂を登るのか。仕事の調整も必要だし、面倒くさい依頼としか思えなかった。

だが、長年かけて築き上げた中村との信頼関係を守るためにも、この依頼を断ることはできない。気乗りはしなかったが、いつも通り中村のペースに巻き込まれた。「わかりました。また登ってきます」。つくづく「ノー」と言えない自分の性格が嫌になる。

三日後、再び中央アルプスに登った。女性研究者は、アンネ・マーリット・ヴィークと名乗った。アンネは、ライチョウの腸内細菌の調査のため、ケージに入って母鳥が出した盲腸糞を採取していた。サンプルはプラスチックの小さな容器に入れ、頂上山荘にある冷凍庫に保管した後、中部大学に持ち帰って分析するという。

一九八七年、アンネはノルウェー北部の都市トロムソの中心地トロムス島で生まれた。東はスカンジナビア半島、西はほかの島々に囲まれた小さな島だ。周りには、フィヨルドと呼ばれる入り江や山がたくさんある。秋と冬には、オーロラが見られ、夏は一日中、日が沈まない白夜となる。

八歳のとき、子ども向けの紹介本を読んで日本が好きになったという。「北極圏の街」として知られるトロムソと違って、四季がある日本の素晴らしい自然に魅せられたそうだ。日本語の「読み書きは大丈夫です」と言う。その言葉通り、取材は日本語で何の問題もなかった。最初は本で学んだ。「お母さんが図書館で働いていたので、日本語の本を借りました」。その後、NHKの国際放送やBBCの日本の紹介番組、映画なども教材にした。トロムソには日本人がおらず、日本語学校もない。それでも独学で日常会話をこなすまでになった。

子どものころから動物が大好きだった。北極圏にはトナカイやジャコウウシなど地域特有の動物が生息している。おぼろげながら子ども心に、「将来は絶滅危惧種の研究をしたい」と思っていた。

大学は、故郷のトロムソ大学を選んだ。ニホンライチョウの別亜種・スバールバルライチョウの研究でも知られる大学だ。子どものころから、生物の研究者になるのが夢だった。トロムソ大学では、スバールバルライチョウの運動生理学を学んだ。

トロムソ大学は、日本のライチョウ飼育と縁が深い。

二〇〇八年夏、上野動物園の飼育担当者二人が約二週間、トロムソ大学にスバールバルライチョウの飼育研修のために訪れた。産卵期は終わっていた。孵化器に入れる予定のない二三個の卵を、「かえらないかもしれないが」と、お土産にもらった。持ち帰った卵のうち、五羽が孵化して二羽が無事に育った。

翌年、トロムソ大学から上野動物園に八七卵が譲られた。そこで孵化したヒナたちは、長野、富山、石川各県の動物園に寄贈された。将来、飼育下でのニホンライチョウの増殖技術の開発に役立てるためだ。


アンネは大学在学中、スバールバルライチョウの野外調査をしたことがある。北極圏の島で、春と夏の繁殖期、成鳥のオスの数とヒナの成育状況を調べた。ノルウェーでは、スバールバルライチョウは狩猟の対象のため、人を見ると逃げる。人を見ても逃げない日本のライチョウとは習性が違う。

研究者として大学に残りたかったが、そのポジションはなかった。修士号を取得後、トロムソの観光案内所で働いていた。だが、日本への憧れとライチョウ研究への情熱は失っていなかった。

二〇一四年春、自費で初めて日本を訪れた。スバールバルライチョウを飼育している上野動物園に行き、飼育係と親しくなった。その後、毎年のように来日し、各地の動物園を巡った。

二〇一六年、南アルプスに登り、初めてニホンライチョウを間近で見た。

「スバールバルライチョウとは全く違いました。人を見ても逃げないのです」

親しくなった上野動物園の飼育係から「アンネさんがやりたいことは、中部大学の牛田先生の研究が一番近いのではないか」とのアドバイスを受けた。

さっそく牛田に連絡をする。牛田は京都府立大学から中部大学に研究の場を移していた。牛田から文部科学省の留学制度を紹介してもらい、アンネは希望通り合格した。夢の扉が開いたのだ。留学期間は三年。留学中に博士号を取得するのが目標になった。

二〇二一年一月、留学のために来日し、中部大学で研究生活をスタートさせた。研究テーマは、ライチョウのヒナの免疫能力の獲得。ライチョウのヒナが消化に必要な腸内細菌を獲得するほか免疫能力をも獲得するシステムを研究している。

トロムソ大学在学中、野生動物の運動生理学を理解するには、研究室だけではなく、野外での活動が必要だと感じていた。中部大学では、研究室と野外調査を組み合わせた研究に取り組んでいる。

指導教官の牛田は、「ライチョウ復活作戦」で重要な腸内細菌の研究を担当している。ケージ保護だと、腸内細菌が含まれる盲腸糞の採取が可能だ。アンネは盲腸糞を集める作業のほか、ケージ保護の作業も手伝っている。半世紀前に絶滅した中央アルプスのライチョウ復活の一助になりたいと言う。

「復活作戦はとてもユニークな取り組みです。特別天然記念物を人の手で復活させるのは素晴らしいことだと思います」

子どものころからスポーツが大好きだった。身長一七四センチの恵まれた体格。高校時代は、ノルディック複合の選手として活躍した。来日後、夢中になっているのは登山だという。三年間の留学期間中、「日本百名山」を全て登るのが夢だと楽しそうに話してくれた。

アンネを取材した記事は朝刊二面の「ひと」欄に掲載された。自分の書いた記事を改めて読み返した後、ふと考えた。

中村の真意は、アンネを通じてライチョウ復活作戦を海外にアピールすることではないか。アンネの博士論文は英語で書かれる。ライチョウ復活作戦がグローバルな話題となるはずだ。日本のライチョウが世界に羽ばたき、復活作戦という奇跡の物語が地球の隅々まで広がっていくことを願った。

八月三日、当初の予定通り、二家族のライチョウを長野市の茶臼山動物園と栃木県那須町の那須どうぶつ王国の二つの施設に、ヘリコプターで移送することになった。

ヘリ移送前日の八月二日夜のことだ。宿泊している頂上山荘で、中村は最後のチェックをしていた。

翌日は早朝からの作業になる。ライチョウは、一家族ずつ一つの段ボール箱に入れてヘリに収容する。前年は乗鞍岳から中央アルプスまで高所から高所へわずか一六分の飛行だった。だが、今回は高山から真夏の平地への移動に加え、飛行時間は二時間を超す。温度差は一〇度以上になる。慎重にも慎重を期さねばならない。

中村は、小林に段ボール箱を持ってこさせて内部をチェックした。それは、箱にただ温度計を設置しただけの状態だった。中村は驚いた。これでは箱の中の温度を適正に管理できない。真夏の動物園に下ろすまでに、箱の中の温度が高くなりすぎて暑さに弱いライチョウが死ぬ恐れがある。

箱の改良を任せた小林は、こんな重要なことに気づいていなかったのだ。山荘に頼んで午後九時の消灯を遅らせてもらい、急遽、関係者約一〇人で三つの箱の中に切った段ボールを両サイドにガムテープで貼り付けてポケットを作った。そこに保冷剤を入れて急場をしのいだ。

中村は、小林の失態にあきれて怒る気になれなかった。もし中村が段ボール箱の不備を指摘していなかったら動物園のヘリ移送は失敗した可能性がある。小林は、復活作戦で一つのミスが命取りになることがまだわかっていない。中村の小林への不信感が増していった。

翌日は早朝から好天になった。木曽駒ヶ岳山頂直下の臨時ヘリポートでヘリが二家族を収容し、長野市の犀川《さいがわ》と千曲川の合流点に近い「長野臨時ヘリポート」に着陸する。段ボール箱に入ったライチョウ一家族計四羽を下ろし、続いて、もう一家族計七羽を乗せたヘリは再び離陸して、那須どうぶつ王国に運ぶ。

私は、茶臼山動物園に収容されるライチョウ家族を取材するため、長野臨時ヘリポートでヘリの到着を待った。ヘリポートには新聞、テレビ各社が集まっていた。予定より少し遅れたが、午前八時一四分、ヘリが到着。すぐライチョウ家族が茶臼山動物園の車に移し替えられ、報道各社はその後を追う。

午前一〇時、動物園の会議室で会見が始まった。中村のほか、ライチョウ飼育担当の学芸員・田村直也、信越自然環境事務所の有山義昭らが着席した。

最初に中村が中央アルプスでのライチョウの繁殖状況を説明した。

復活作戦が順調に進んでいることについて、生存率の高さが要因と解説する。

前年の二〇二〇年夏、乗鞍岳からライチョウ三家族計一九羽が移送された。飛来メス一羽と合わせて計二〇羽のうち、六月の繁殖期までに一八羽の生存を確認する。生存率が九〇%の高率だった。この結果、繁殖が順調に進み、八月二日の段階で、成鳥一八羽、ヒナ四六羽の計六四羽が確認された。これで中央アルプスのライチョウ復活のめどが立ったという。

新型コロナウイルスの感染防止対策で、会見中は窓が開放され、クーラーも動いていない。室内温度は真夏の外気と変わらない。噴き出した汗がしたたり落ち、私のノートを濡らした。

続いて田村が、受け入れ態勢を説明する。

「ライチョウの飼育舎には戸外に金網で囲った放餌《ほうじ》場があります。これまでケージ保護されてきたため、中村先生の助言で、ほぼ同じサイズのケージを設置しました。真夏の八月中、動物園は長野市郊外の高台にあるとはいえ、日中は高温になります。平地より気温が低い中央アルプスの環境に近づけるため、スポットクーラーで最高でも二〇度を超えないよう調節します」

復活作戦を進める環境省の立場から、有山が発言する。

「本日のヘリ移送で、中央アルプスのライチョウ復活事業は動物園のパートに移りました。現地での自然繁殖だけでなく、動物園で繁殖させる生息域外保全との連携が大切になります。この両輪によってライチョウの数が順調に増えることを願っています」

有山は続いて今後の予定を述べる。

「近親交配を避けるため、二つの施設のオスを交換します。来年の繁殖期には、つがいにして繁殖させ、より多くのヒナたちを母鳥と一緒に中央アルプスに移送します。国内初の動物園で繁殖させたライチョウの野生復帰に挑戦します」

中村は厳しい表情で言った。

「野生復帰は、これまでにない高いハードルです。何としても野生復帰の技術を確立させたいと思います」

中央アルプスの「ライチョウ復活作戦」は、これまでと違って、新たに二つの動物園が加わり、さらに複雑になってきた。

中央アルプスから下ろしたライチョウたちは来春、本当に繁殖に成功するのだろうか。また、中央アルプスに残ったライチョウたちは、無事に越冬して来春も今年と同じように数を増やしてくれるのだろうか。心配の種は尽きない。

一〇月二〇日、中村が新たな試みをするというので、木曽駒ヶ岳に行った。

新たな試みとは、ライチョウに発信器を着ける作業だ。冬場、高山帯は雪で覆われ、彼らの餌がなくなる。このため、ライチョウはオスとメスに分かれて群れをつくり、越冬地を探してダケカンバなどの樹木がある亜高山帯まで下りる。

半世紀前にライチョウが絶滅した中央アルプスは、これまで冬の調査が行われていない。越冬地は、まだ判明していなかった。今年は生息数が増えている。越冬地がわかれば、冬の調査が可能になる。復活作戦では、こうしたデータが必要となるのだ。

稜線に上がると、吹きだまりは五〇センチ以上の積雪があった。一〇月中旬でも、中央アルプスの稜線はピッケルやアイゼンが必要な冬山に変わっている。吹雪の中、調査スタッフやN

HKの撮影班らと一緒にライチョウを探し回る。二〇日にオス一羽を確認し、幸先よいスタートだった。翌二一日は好天の予報だったので、中村は「明日の早朝から探して、発信器を装着しましょう」と、手応えを感じていたようだ。

その晩、宿泊先の宝剣山荘で中村と報道関係者とのささやかな懇親会が開かれた。NHKの撮影班は、担当ディレクターとカメラマンのほか、山岳ガイドや機材を荷揚げするスタッフを含め大人数で来ていた。

酒宴の半ば、ふと会社から貸与されたスマートフォンを確認すると、長野総局から複数の着信履歴があった。メールも届いていて、発信元は長野総局長の石川幸夫だった。登山を伴う取材の場合、石川には登山届を渡し、取材予定も伝えている。

「時間のあるとき、総局に連絡をください」

何の用事だろう。大きな事件や事故でもあったのだろうか。

宝剣山荘は、稜線にあるとはいえ、屋内からだとスマホが通じにくいことがある。外に出るとつながりやすくなる。天気は晴れていたが、冷え込みが厳しい。電話をかけるため、羽毛服を着込んで外に出た。総局の電話番号ではなく、石川のスマホに直接連絡した。

「電波がつながりにくくて、着信に気づきませんでした。用件は何ですか」

石川は、淡々とした口調で答えた。

「取材でお忙しいところすみません。突然ですが、異動の内示です。甲府総局に行ってもらうことになりました。異動日は一二月一日付です」

嘘だろう。石川には数日前の面談で伝えたはずだ。定年まで長野総局でライチョウ取材を続けたいと。

この時、私は六二歳三カ月だった。朝日新聞の定年は六五歳。定年まで残り二年九カ月なので、もう次の転勤はないと思い込んでいた。だが、会社員である以上、転勤は拒否できない。石川は内示と言っている。期待はできないが、転勤を断る交渉の余地はあるかもしれない。

石川との会話が続く。

「本社の説明だと、異動の理由は、まず近藤さんの長野での滞留年月が長いこと。もう一つは、甲府総局で富士山や南アルプスなど山の話題を書いてほしいからだそうです。引き続き山岳専門記者として健筆を振るってもらいたいと、本社は望んでいます」

頭が混乱する。入社以来、これまで何度も転勤を経験してきた。だが、今回は事情が違う。電話で即答できる内容ではないし、即答する気にもなれない。ひとまず、石川に伝えた。

「明日、始発のロープウエーで下山します。詳しい話は総局でうかがいます」

石川との通話を終えた後、気持ちを落ち着けるため、たばこを三本立て続けに吸った。幸いポケット灰皿を持っていた。見上げると満天の星がきらめいている。何事もなければ、翌日の調査取材に思いをはせていただろう。今は違う。たばこを吸いながら考え続けた。

予期していなかった転勤の知らせである。このまま異動の辞令に従って甲府総局に転勤するのか。転勤すれば、ライチョウ復活作戦の取材はできなくなる。復活作戦の行方を見届けることは叶わない。すぐ、もう一つの選択肢が浮かんだ。

思い切って早期退職しようか。

だが、事は単純な話ではない。妻は何と言うだろうか。まずは退職後の生活を考えなければならない。

確か年金の受給は、定年後の六五歳以降のはずだ。退職理由は転職するためではない。ライチョウ取材が目的なのだ。会社を辞めれば二年半近く、収入が絶たれる。無収入でやっていけるのか。フリーランスになれば、朝日新聞記者の肩書がなくなる。これまで通りの取材ができるのだろうか。寄せては返す波のように、様々な不安が湧き上がってきた。

気を取り直して屋内に戻り、中村に告げた。

「申し訳ありません。仕事のため、急遽、長野総局に戻ることになりました。明日の始発のロープウエーで下山します」

中村は私の動揺に全く気づいていないようだった。

「会社勤めは大変ですね。調査結果は、私の研究所に来てくれれば説明します」

その晩、眠ろうとして布団に入っても、今後の身の振り方について考えがまとまらず、寝つけなかった。一時の感情の高ぶりで退職を決めていいのか。これまで通り転勤を受け入れて新聞記者人生を全うすべきなのか。宿泊客が少なかったので個室に泊まることができ、同室者がいないのが救いだった。誰かいたら、相談したくなるし、愚痴もこぼしたくなる。

会社の指示に従って甲府総局に転勤した場合、定年までの残り二年九カ月は、山梨県版の記事を埋める作業が中心になる。果たして、そんな人生で納得できるのだろうか。


一九八六年の朝日新聞入社以来、新聞記者として何をしてきたのか振り返った。初任地の富山支局（現富山総局）に配属されて立山・剱岳《つるぎだけ》など北アルプスで山岳取材の面白さに目覚め、山記者（山岳専門記者）を志した。運動部、スポーツ部では南極やヒマラヤなど海外まで取材エリアが広がった。二〇一三年、長野総局に転勤後、山岳専門記者の肩書を得て山の話題を書き続け、念願が叶った。

山記者として、もうやり残したことはない。やり残したことがあるとすれば、ライチョウだ。後悔はしたくない。転勤は拒否しよう。その希望が受け入れられず、長野総局に残ることができなければ潔く退職しよう。ひとまず考えがまとまった。

もし退職したら何をするのかについては、すぐ決断できた。

ライチョウ取材は二〇一五年夏、ニホンザルがライチョウを捕食した事件を説明する中村の記者会見からスタートした。取材対象の中村を追い続ける中で、前代未聞の中央アルプスのライチョウ復活作戦までたどり着いた。この七年にわたるライチョウ取材を一冊の本にまとめたいと、おぼろげながらに考えていた。

復活作戦は、ライチョウ取材の集大成でもある。絶滅したトキやコウノトリ復活以上に難しいチャレンジだ。復活作戦を含めて、ライチョウ保護の経緯や意義などをジャーナリストの視点で本にまとめたいと考えていた。これまでもライチョウについては、多くの新聞記事を書いてきたが、まとまった形にはしていない。

復活作戦の背景や関係者の努力など、一冊の本にまとめる作業は誰かがやらなければならない。復活作戦の詳細を歴史的事実として、記録に残す必要があると思う。

また、転勤によって中村の取材ができなくなることも耐えられないことだ。こんなに魅力的な人物にはそうそう出会えるものではない。中村が復活作戦のゴールのテープを切る瞬間を見届けたいと思う。

こんなことを布団の中で考え続け、ようやく決心がついた。

「やはり甲府総局に転勤する選択肢はない。会社が長野総局残留を認めてくれなければ、潔く退職する」

一度決めてしまうと気が楽になった。人生の決断とはこんなものだろう。朝が来るのが待ち遠しくなったほどだ。

翌朝、妻に電話をし、決意を告げる。反応は意外にもあっけないものだった。

「定年まであと少しだし、自分の好きなことをやった方がいいと思うよ。会社を辞めても夫婦二人の生活だし、何とかなるでしょう」

こういう時、女は強い。背中を押してくれた妻に感謝した。

予定通り始発のロープウエーで下山し、昼前に長野総局に戻ると、石川が緊張した面持ちで待っていた。総局のビル内にある喫茶店に移動し、前夜にまとめた自分の決意を告げた。

石川は、「何とか甲府総局への異動が取りやめになるよう、会社に掛け合ってみます。しばらく待ってください」と言ってくれたが、表情は暗かった。私に対する気休めとしか思えず、期待はできそうもない。

夕方、石川から会社側の回答を聞いた。予想はしていたが、内容は厳しいものだった。

異動の内示ではあるが、これは最終決定である。拒否はできない。早急に進退を決めなければ、来週にも異動が発令される。もし退職するなら、異動は発令しない。人生の岐路なので一日待つ。異動発表後の退職だと手続きが面倒になる。退職するなら長野総局員のまま退職届を受理するという。

覚悟はしていたものの、会社の回答を聞いて少し寂しかった。無事に定年まで勤め上げた後、第二の人生が始まるのだと考えていた。退職後は、持ち場の自治体取材や選挙、高校野球などの日常業務から解放され、山岳ジャーナリストとして好きなテーマを追うつもりでいた。その中にはもちろんライチョウも含まれている。

とりあえず、会社の指示通り、翌日、早期退職届を出した。退職日は、一二月三一日となった。退職前に消化できる有給休暇はもっとあるはずだが、ちゃんと調べて交渉しようという気持ちにはならなかった。会社の融通のきかない処遇にがっかりしたが、そんなことを言っても仕方がない。第二の人生を明るくスタートするためにも、きれいな形で辞めようと思っていた。私にとって、それが精一杯のプライドでもある。

退職までの残り日数は一カ月ちょっとしかない。あとは流れ作業のように、会社から貸与されたパソコンやカメラの返却、書類の提出など退職手続きを始めた。

これからは、ライチョウの取材と本の原稿書きがメインの仕事になる。会社を辞めたのは転職が目的ではないので、失業保険を受給するつもりはなかった。収入のめどはないが、税務署に個人事業の開業届を出した。フリーランスになるのは初めての経験だ。税務署員が書類の記入方法を丁寧に教えてくれた。

独立のために必要な手続きが済み、中村に退職の報告に行った。当然だが、私の退職は予想していない。その理由がライチョウ取材のためと知り、本当に驚いていた。

「近藤さんが朝日新聞を辞めることになったのは、私のせいでもあると思います。うちの研究所に入っていただければ、給料を払うことができます。事務所にはスペースもあり、近藤さんのデスクも準備できます。資料を置く棚もあります」

予想もしない反応だった。中村は、真剣に私の身の振り方を心配してくれている。涙がこぼれるくらいうれしい提案だが、丁重に断った。ライチョウ取材を続け、本の原稿を書くことが退職の理由だったからだ。中村の好意に甘えてしまえば、取材相手との距離を保てなくなる。ただ、中村の気遣いに、それまで沈んだ気持ちだったのが、一転して光が差し込んできたような気分になった。

中村への挨拶を済ませた後、小林が勤める信越自然環境事務所にも報告に行った。小林と、上司の有山に退職の挨拶をした。引き続き、メディアの一員としてライチョウの取材ができるのかを確認するためでもある。

有山は少し驚いた表情を見せたが、明快に答えてくれた。

「フリーになろうが、近藤さんのこれまでの記者としての実績を考えれば、今まで通りに取材してもらうのが、環境省としてもありがたいのです。本を出版してもらうことは、ライチョウ保護増殖事業にとってもとても大きな力になります」

この言葉を聞いて安心するとともに、やる気が湧いてきた。もう後悔や愚痴は封印しよう。有山の励ましを聞き、ライチョウ本の出版を絶対に実現させるのだとの決意が固まった。後戻りはできない。新たな世界への旅立ちである。

第七章　動物園

二〇二二年に行う復活作戦は、動物園で繁殖させたライチョウのヒナたちを中央アルプスに野生復帰させる最難関のステージに入る。前年八月、中央アルプスから母鳥一羽、ヒナ六羽の計七羽が那須どうぶつ王国にヘリコプターで移送され、二〇二二年の繁殖に向けて飼育に取り組んでいた。

話は少し戻って、二〇二一年九月一三日朝のことだ。那須どうぶつ王国で、ライチョウの屋内飼育施設に入った飼育員が、動けずに横たわっている母鳥を発見する。懸命に治療したが、約三時間後に死んでしまう。

母鳥は、胸に外傷性の出血があり、死因は胸部強打によるものと判断された。飼育室には、衝突防止ネットが張られていたが、何度も飛び回ったことや床などに衝突したことが原因とみられる。

室内に設置してあるモニターカメラの映像を確認すると、前日夜、一羽が突然飛び立ち、残りの六羽も激しく飛び回る。その後も計二七回、全羽で飛び回る様子が記録されていた。同園によると、モニターカメラの記録を分析したが、この異常な行動のきっかけとなった音声などは確認できず、原因は不明だという。

私は、この事件を環境省と同園の報道発表で知った。発生場所が、栃木県那須町なので、大田原支局記者の小野智美が取材して記事にした。長野総局員の私は、管轄外となるので同園への取材は控えた。詳細について私は、発表文以外のことはわからなかったが、復活作戦の中のトラブルの一つだと考えていた。

この事件の約一カ月後、私は、中央アルプスで中村が行ったライチョウの生息調査に同行取材した。初日の調査を終え、宿泊先の宝剣山荘に戻ると中村が、いきなりパソコンを開いて報道陣に話し始める。パソコンの画面には、モノクロの映像が映し出された。映像を見るとライチョウの飼育室らしい。

中村は、興奮気味に説明する。「那須どうぶつ王国でライチョウの母鳥が死んだ原因がわかりました」。すっかり忘れていた。あの事故のことだ。中村は、事故の原因をずっと追い求めていたのだ。

中村はこれまでの経緯を説明した。

母鳥の死亡確認後、同園園長の佐藤哲也から中村に事故報告の連絡があった。

中村は佐藤に言った。

「起きてしまったことは仕方がありません。再発を防ぐためにも必ず原因を解明してください」

そう言いながらも事故後、中村は同園のモニターカメラの映像を取り寄せ、それこそコマ送りで確認したという。夜間のため、室内は暗い。画像が不鮮明だ。報道発表通り、突然一羽のライチョウが飛び立ったのをきっかけに全羽が飛び回る光景が何度も映し出されていた。

中村は、長年の経験からライチョウの異様な行動についてこう判断した。飼育室に捕食者が侵入したとしか考えられない。九月二二日、中村は同園を訪れ、飼育室を見て確信した。侵入可能な窓の格子の大きさから考え、入ってきたのはイタチだ。

飼育室の奥に細長いプランターがある。中村は、このプランターの後ろにイタチが潜んでいるという。一瞬、何かが頭を出したように見えるが、なにぶん画像が不鮮明で確認できない。

中村のストーリーは、仔細《しさい》を極める。飼育室の管理がいいかげんで、イタチの侵入を許してしまったと分析する。プランターの陰に身を潜めるイタチに対して、母鳥がヒナを守るため、最後は身を犠牲にしてかみ殺されたと説明した。

さらに、中村は事故以外の映像を見せて怒りをあらわにした。同園のライチョウの飼育施設には、野外の放餌場と飼育室をつなぐ出入り口がある。開閉は、飼育員が手動で行う。その操作があまりにも乱暴だという。中村の怒りはヒートアップする。

「私たちが中央アルプスの高山帯でケージ保護をし、手塩にかけて育てたヒナたちを飼育員はいいかげんに扱っている。音を立てず静かに出入り口の扉を操作しないと、ヒナたちが驚いてストレスを生む。動物園はライチョウのことを何もわかっていない」

飼育員への怒りは半端なものではなかった。確かに土砂降りの中でも中村のスタッフたちは、寒さに震えながらケージ保護をしてライチョウ家族を守り抜いてきた。このことを報道陣はよく知っている。中村の迫力に報道陣は圧倒され、本当にイタチがいるような気になっていた。ただ私は中村がこのままでは納得しないことに不安を感じた。中村と那須どうぶつ王国の関係が決裂したら大変なことになる。動物園の協力がなければ、野生復帰は成功しないからだ。

ライチョウの飼育に取り組む施設は、那須どうぶつ王国など七つに増えている。環境省は、多くの施設が二の足を踏む中で、初挑戦となる野生復帰へのチャレンジを引き受けてくれた那須どうぶつ王国に頑張ってもらわなければならないと考えている。

そんな事情はあるが、中村の言う通り、事故の原因を解明しないと再発の恐れがある。イタチの侵入が原因なら、またライチョウが襲われて死ぬ。中村のイタチ説はあくまでも仮説である。再発防止のためには、確実な証拠が必要だ。環境省の小林は、富山市ファミリーパークに依頼し、飼育しているイタチにマウスを与えてかみ跡を調べたが、原因は解明できなかった。

それでも中村は、徹底的に原因追及を続けた。

一一月、私が休日出勤したとき、朝日新聞長野総局と同じビルにある長野朝日放送のディレクター・山口哲顧に会った。これから中村が来るという。中村に頼まれて那須どうぶつ王国の映像を鮮明にし、大型モニターで確認するためだ。山口は、私が書いた企画書を基にライチョウのドキュメンタリー番組を制作し、中村の信頼が厚い。

私も確認作業に立ち会うことにした。映像の説明は、ライチョウ番組を撮影した沖山穂貴が担当した。中村のパソコン画面と違い、テレビ局の大型画面に映し出された映像は、鮮明で細部がよくわかった。

沖山は、中村の指示に従って何度も画像をスロー再生する。どう見ても、プランターの後ろをうろうろするのはライチョウしかいない。中村はあきらめ、今度は飼育室のガラスに何かが映ったと主張する。沖山は映像のプロとして説明する。

「中村先生、これは生き物でなく、浮遊しているチリか何か別の物です」

私は、ライチョウのプロ・中村と映像のプロ・沖山のせめぎ合いを複雑な思いで見守った。宝剣山荘で中村の説明を聞いたとき、間違いなくイタチがいると思ったが、沖山の説明は納得できるものだったからだ。私自身の中で母鳥死亡事故の考えが揺らいできた。

それでも中村は主張を曲げない。

私は、中村の頑固さに戸惑った。いったん決めると考えを変えようとしない。だが、何としても復活作戦の障害を取り除きたいという熱意の表れだと納得せざるを得なかった。

一二月二三日、環境省は、那須どうぶつ王国と連名で、報道発表をした。ライチョウの母鳥の死亡事故について、中村の指摘を受けた調査結果と再発防止策だ。中村は、今もイタチの侵入を主張しているが、発表では「哺乳類の接近の可能性についても否定できない」とし、監視カメラの増設や排水口に金網を張って侵入防止措置をするなどを盛り込んでいる。

やっと、中村の怒りが収まったと感じた。私は、中村に「中村先生が大人の対応をしたということですね」と聞くと、本気で怒られた。

「私は納得したわけではありませんよ。それを大人の対応というのは、近藤さんは何もわかっていない」

実際、中村は小林の対応に納得できなかった。なぜ徹底的にライチョウが暴れた原因を追及しないのか。なぜ、「哺乳類の接近の可能性についても否定できない」とあいまいな表現にするのだろうか。真実を解明しようとしない態度は、もはや科学者とはいえない、とさえ言う。

このことがあって以来、中村は小林を後継者とは言わなくなった。また、厳しく叱ることもしなくなった。

私には中村の小林への態度が、あまりにも厳しすぎるのではないかと思う。このことを中村に指摘すると、「近藤さんは僕を全く理解していない」と一蹴された。

さらに、「僕は信念を持ってライチョウの保護に取り組んでいるのですよ。自然相手なので復活作戦でもうまくいかないこともあります。どれだけ僕が悩んでいるのか、近藤さんにはそれが全然見えていない」と語気を強めた。

私は、中村のあまりの剣幕に恐る恐る反論した。

「でも、中村先生は悩んでいるそぶりを全く見せないし、愚痴もこぼしませんよね」

中村は苦笑し、それ以上は私を責めなかった。私もやっと中村のトリセツを持つようになっていた。

私は中村のように強い人間ではない。むしろ、中村が言う小林のような弱い側の人間なのだ。まるで私が怒られている気持ちになった。中村が私から遠ざかっていくような気さえした。

一方の小林は、環境省職員であることと中村の弟子であることの狭間で悩んでいた。自分なりに精一杯やっているのに中村は認めてくれない。かなり追い詰められているようだった。

小林は、愚痴とも本音とも思える心情を私に吐露した。

「もうライチョウに関わることに自信がなくなりました。教員免許を持っているので、いっそ小中学校の理科教員に転職しようかと思います」

そう話した後、気を取り直したように、前言を翻した。

「すみません。弱音を吐きました。中央アルプスの復活作戦は最終局面まで来ています。ここで僕が投げ出すわけにはいきません。つらくてもやり切るしかありません」

中村が不信感を抱くのは小林だけではない。那須どうぶつ王国園長の佐藤にも矛先は向く。

「佐藤園長は、母鳥が死んだ際、僕が指摘するまで原因究明をしようとはしなかった」

私は、中村と佐藤の人間関係が徐々にこじれていくのが本当に心配になった。

二〇二二年三月、この年のライチョウの保護増殖計画の詳細を決める検討会が開かれた。新型コロナウイルスの感染防止対策で、二〇二一年からは、それまでの対面会議からウェブ会議に変わっていた。主要テーマは、動物園で繁殖させたライチョウのヒナと母鳥の家族を中央アルプスに野生復帰させることである。

那須どうぶつ王国と茶臼山動物園の二施設で、前年に中央アルプスから移送したライチョウを繁殖させる。その際、野生のライチョウたちの主食である高山植物を餌に与え、野生復帰に備える。これまでの飼育個体は、コマツナや配合飼料を与えていたが、これらは高山という特有の自然環境にはない食べ物である。

動物園からライチョウを中央アルプスに移送した時、高山植物の消化に必要な腸内細菌を維持するため、飼育中できるだけたくさんの高山植物を餌として与えなければならない。環境省は、長野県白馬村の白馬五竜高山植物園で栽培した高山植物や、乗鞍岳と那須岳（一九一五メートル）で採取した高山植物を、飼育中の餌として二施設に運ぶ計画を立てていた。

この説明が終わった時、中村が発言した。

「野生復帰に向けて餌の問題を一番心配しています。ケージ保護ではクロウスゴが重要な餌になります。今年のケージ保護は最大六ケージを予定しており、繁殖した家族のために必要な量のクロウスゴを確保するのはかなり困難ではないでしょうか。那須どうぶつ王国では、近くの那須岳から採取する必要があります。その見込みは大丈夫ですか」

どう考えても、那須どうぶつ王国の佐藤をターゲットにした質問だ。配布資料には、那須岳からの採取種にクロウスゴがなかった。

環境省の立場から小林が那須岳の状況を説明した。

「那須岳は現地調査や文献などからクロウスゴは生育していないようです」

すると、中村は厳しい表情で言った。

「野生復帰は半分失敗しています。環境省も那須どうぶつ王国もやる気があるのですか」

すぐ佐藤が応酬する。

「もちろんやる気はありますよ」

私は、パソコンの画面で会議を取材していたが、険悪な雰囲気が伝わってくる。中村も佐藤も本気で怒っている。これは、まるでケンカではないのか。あわてて座長が仲裁に入り、小林が「この件は、いったん持ち帰って中村委員と再度検討します」と収めた。

対面の会議だと周囲が気を使うなどして、ここまでのトラブルにならないだろう。だが、ウェブ会議だと発言者の表情が映し出され、感情がダイレクトに伝わってしまう。ライチョウの取材では、対面会議を何度も取材したが、ここまで緊迫した場面に遭遇したことはなかった。

会議後、日を改めて私は発言の意図を中村に尋ねた。予想通り、「自分は正しいことを言っただけです。誰かがちゃんと指摘しないと、野生復帰は成功しません。そのための会議ですから」との答えだった。通常、こうした会議は事前の根回しで、淡々と進行するものだと私は考えていたが、中村の正論に反論できなかった。

だが、やっぱり言いたくなる。中村先生、ここは怒りを鎮めてください。

前年八月、中央アルプスからライチョウ家族がヘリ移送されたのは、那須どうぶつ王国と茶臼山動物園だった。茶臼山動物園には、母鳥を含むメス三羽、オス一羽の計四羽が収容された。長野市に研究所がある中村は、ひんぱんに同園を訪れ、つきっきりで繁殖が成功するようアドバイスを続けるという。私も中村に誘われ、茶臼山動物園通いを続けることになる。

茶臼山動物園は二ペアによる繁殖に挑戦する。年が明けるとヒナはすっかり大きくなり、母鳥と変わらない大きさになっていた。

一月一九日、茶臼山動物園のオス一羽と那須どうぶつ王国のオス二羽が交換された。それぞれの施設から車に積んで運んだ。ライチョウの繁殖は春から始まる。近親交配を避け、遺伝的多様性を高めるため、別の家族のオスと交換したのだ。

ライチョウの飼育施設には、以前、別亜種のスバールバルライチョウを飼育していたライチョウ舎が充てられた。金網で作られた広い大パドック（屋外運動場）と小パドックの二つを使って繁殖させる計画である。

那須どうぶつ王国とオスを交換したことで、茶臼山動物園のライチョウは、オス二羽、メス三羽の計五羽となった。この中から、相性の良い二つがいをつくり繁殖させる。当面は、大パドックに隣接した寝室に五羽とも収容した。繁殖と野生復帰に向けて、ライチョウ担当の学芸員・田村直也は「的確に繁殖に向けた作業を進めるという、その一点だけです」と話した。

二つがい以外にメスが一羽余るので、大パドックの中に設置した特製ケージでこのメスを飼育する。前年夏、中央アルプスからライチョウ家族を下ろした時、動物園の環境に慣れさせるため、それまで過ごしてきた中央アルプスの保護ケージと同じタイプの特製ケージを設置したのだ。

つがいが決まった段階で、それぞれ大、小のパドックで同居させ、交尾、産卵、抱卵となる。ヒナが孵化したら、野生のライチョウと同じように母鳥のみが「育児」をする。

大パドックには、中央アルプスでの野生復帰に備えて、現地の自然環境を再現した。岩を置いたり、砂浴び用の砂場を作ったりした。餌は、高山植物に慣れさせるため、乗鞍岳から採取したクロウスゴなどを環境省が準備する。

動物園から提供された監視カメラの映像を確認すると、壁全面に中央アルプスの風景の写真が貼られている。ライチョウが、生まれ故郷の中央アルプスの環境を忘れないための配慮である。

四月九日、中村と一緒に茶臼山動物園へ行った。大パドックには、母鳥だったメスと前年に孵化したオスがペアとなっていた。オスが盛んにメスに求愛行動をしている。春になって、真っ白い冬羽からオスは白と黒、メスは茶のまだら模様に換わっていた。

気になったのは、小パドックのつがいだ。メスは、換羽が進んでおらず、真っ白い冬羽のままである。

テレビ朝日系列のドキュメンタリー番組「テレメンタリー」の撮影も進んでいた。制作は長野朝日放送。ライチョウシリーズとして三回目の今回、ディレクターはアナウンサーでもある山岡秀喜《やまおかひでき》が担当する。

六月一五日、小林から予想もしない連絡があった。

「明日、茶臼山動物園で、ほかの動物園で産卵した有精卵と、ペアをつくっていないメスが産んだ無精卵を交換して孵化させます」

頭が混乱する。茶臼山動物園では、大パドックのメスの産卵は始まっている。だが、小パドックのメスには交尾さえ確認できない。換羽の遅れが原因とみられた。産卵しても時期的に中央アルプスへの野生復帰は難しい。茶臼山動物園からは二家族を中央アルプスに野生復帰させる予定だったが、このままだと一家族しか野生復帰させられない。

そこで中村は、起死回生の解決方法を考えた。茶臼山動物園には、二つがいのほか、一羽の

「アカ」と呼ばれるメスがいる。アカは、すでに無精卵を五個産んでいる。アカにほかの動物園から運んだ有精卵を抱かせて、孵化させて家族にする。つまりアカに代理母をさせようというのだ。

こんな奇策を実行する背景には、中央アルプスで飛来メスの孵化の成功例があるからだ。二〇一九年と二〇二〇年の二回、飛来メスは、別の場所から運んだ有精卵と、自身が産んだ無精卵を交換されても抱卵して孵化に成功した。二〇一九年には、わずか一〇日間だったが「子育て」もしている。

数日後、小林が七個の有精卵を持って茶臼山動物園にやってきた。有精卵を提供したのは、富山県と石川県の動物園。小林が大パドック内の特製ケージに入り、アカが抱卵している巣の無精卵五個と有精卵七個を交換した。

なぜ、アカにほかの動物園から運んだ有精卵を抱かせ、孵化させるのか。小林が中村の考えを代弁する。

「アカは昨年、中央アルプスから下ろした野生の個体です。野生復帰に必要な腸内細菌を持っています。動物園で孵化し育てられたライチョウは、必要な腸内細菌を持っていません。ヒナたちは孵化した直後、アカの出した盲腸糞を食べて毒のある高山植物を消化するための腸内細菌を獲得します。アカが育ての親となれば、ヒナたちは腸内細菌を獲得することができるので、野生復帰が可能となるのです」

茶臼山動物園の緊急事態に際して、北陸の二つの動物園で、産卵中のメスがいたのが幸いした。

一方、中央アルプスではライチョウの繁殖が進んでいた。七月一四日、環境省の報道発表があった。

七月一四日現在、中央アルプスで母鳥五羽、ヒナ二四羽、計二九羽の五家族をケージ保護している。今年確認された一七つがいのうち、一三つがいでヒナの孵化が確認された。

この時点で中央アルプスのヒナの生息数を試算すると、まず、ケージ保護中の二四羽がいる。ケージ保護をしていない家族のうち、環境省が確認したライチョウのヒナは六家族、計二九羽に上る。登山者情報のみのヒナの確認数は、二家族で最大計一三羽となる。中央アルプスでは、ヒナだけで最大六六羽が生息していることになる。

さらに、中央アルプスの全体像の説明は、復活作戦の成功を予感させるものだった。

《なお、現時点で成鳥と雛の合計が一〇〇羽を超えている可能性がありますが、中央アルプスにおける個体群復活事業の目標数（上限五〇つがい〜下限三〇つがい）は、繁殖に参加可能な成熟した個体数を対象としています。そのため、環境省ではその年に生まれた雛が生存・成熟し繁殖に参加できるようになる翌年の六月の繁殖個体数を生息個体数の基準としており、現時

点で目標達成の可否については判断できません》

復活作戦で目標数の下限は三〇つがい、六〇羽に設定されている。二〇二二年七月の段階では成鳥の数が約四〇羽なので、まだ達成していない。しかし、環境省は、中央アルプス全体の生息数がヒナを含めて一〇〇羽を超えていると試算している。

茶臼山動物園と那須どうぶつ王国でライチョウが繁殖すれば、複数の家族が中央アルプスへ移送される。成功すれば、さらに中央アルプスのライチョウの個体数が増える。

中央アルプスでのケージ保護の終了は七月下旬から八月上旬を見込んでいる。ヒナの孵化の時期が異なっているため、ヒナの成長に合わせて順次、家族を放鳥することになる。

動物園から移送し、野生復帰させる家族のケージ保護は八月上旬を見込んでいた。山の上の家族をケージ保護で育て放鳥した後、空いたケージに動物園からの家族を収容する。ライチョウの野生復帰は初めてのチャレンジのため、ヒナが保有する腸内細菌など様々なチェック項目をクリアした個体が選ばれる。この段階では、まだ動物園から移送する家族の数も個体数も決まっていなかった。

全てが順調に進んでいると思っていた矢先、茶臼山動物園で信じられない「事件」が立て続けに起きた。

富山県と石川県の動物園から提供された有精卵を、アカが抱卵していた。七月六日、抱卵していた七卵のうち、一卵が破裂した。巣の消毒に使った次亜塩素酸ナトリウムが卵の殻に傷をつけ、ここから細菌が入って腐敗して硫化水素が発生したのだ。アカは抱卵を放棄する。残りの卵のうち、孵化の可能性がある四卵を孵化器に収容した。

もう一羽のメスは、四卵を産んで抱卵していた。だが、孵化予定日の七月一二日を過ぎてもヒナは誕生しない。

飼育担当の田村は決断を迫られた。

おそらく、大パドックのメスが抱卵している四卵は、何らかの事情で発生が進んでおらず孵化しないだろう。だが、孵化器に入れたアカが抱卵していた四卵のうち二卵は孵化の可能性がある。抱卵を放棄したアカに、もう一度抱卵させるわけにはいかない。抱卵中である大パドックのメスにこの二卵を抱かせるしかない。今度は、大パドックのメスがアカと交代して代理母となる。

復活作戦で動物園の繁殖事業は、ますます複雑になってきた。私は、田村の説明を聞いても理解が追いつかない。これをどうやって正確な記事にまとめればいいのだろうか。

計画では、茶臼山動物園は二家族を繁殖しなければならない。孵化器に入れて孵化させれば、人工飼育となる。野生復帰のためには、母鳥が自ら抱卵し、子育てする必要がある。

何としても、一家族だけでもいいから繁殖を成功させたい。田村は、卵の入れ替えのタイミングが難しいと思った。

七月一四日、孵化器の卵のうち、一卵で「はし打ち」が確認された。はし打ちとは、孵化直前のヒナが卵の中からくちばしで殻をつつく行動だ。すぐに中村に連絡し、孵化器から二卵を取り出し、大パドックのメスに抱かせた。

田村の予想通り、七月一五日、一六日と連続してヒナが一羽ずつ孵化した。復活作戦の繁殖計画とは違い、母鳥一羽とヒナ二羽の一家族になってしまったが、何とか繁殖は成功した。孵化直後にヒナたちが母鳥の盲腸糞を食べる食糞行動も確認でき、野生復帰に向けて母鳥から腸内細菌を受け継ぐことができた。

七月一九日、私は長野朝日放送の山岡と二人で茶臼山動物園に行った。ライチョウ舎に入る際は、いつものように長靴を消毒液の入ったトレーに浸すなど細心の注意を払った。

田村は、番組撮影に際して、ライチョウのヒナの成長に影響を及ぼさない範囲で最大限の配慮をしていた。

山岡は、田村の許可を得て、小型の自動撮影カメラを二台、大パドック内に設置した。これならいちいち大パドック内に入らなくても、ライチョウ家族の行動が撮影できる。

設置作業中、母鳥とヒナは寝室に収容された。私も山岡と一緒に大パドックに入ることを許された。山岡がカメラの設置を終えた後、飼育舎の作業場で動物園が設置した監視カメラの映像をモニターで見た。

ヒナたちが、母鳥がついばむ高山植物を同じように食べているのを確認できる。中央アルプスにライチョウ家族を野生復帰させるまで、あと少しだと実感した。

八月上旬、動物園で撮影を続けていた山岡から、さらに信じられない連絡があった。孵化したヒナが二羽とも死んだという。死因は、骨折や誤嚥《ごえん》による呼吸不全だった。餌で与えられていた昆虫の幼虫の量が多く、栄養バランスが崩れて、骨が柔らかい状態、くる病のような症状となってしまったのが原因という。

田村の落胆ぶりは端から見ても気の毒なほどだった。田村は、茶臼山動物園で二〇一〇年から別亜種で北欧に生息するスバールバルライチョウの飼育を担当した経験がある。

「ニホンライチョウは、スバールバルライチョウとは比べものにならないほど繁殖が難しいですね。今回、中央アルプスのライチョウを飼育して、そう感じました。まだわからないことが多いのです。一家族しか繁殖させられなかったのは、私の力不足です」

復活作戦で私は外野席から観戦する立場の人間だ。それでも、やむにやまれぬ気持ちで田村に声をかけた。

「でもね、田村さん。今回はほかの動物園から有精卵を持ってきてアカや別のメスに抱卵させて孵化に成功しています。これは大きな成果だと思いますよ。多くの人たちのこれまでの取り組みがなければ、ここまで来られませんからね。そんなに自分を責めないでください」

結局、茶臼山動物園から中央アルプスに移送するのは、前年に中央アルプスから移送した成鳥のオス一羽とメス二羽の計三羽となった。残ったオスとメスの一組のつがいは、翌年の繁殖のため動物園に残すことになった。

その一方で、那須どうぶつ王国の繁殖は順調に進んだ。繁殖に成功した四家族のうち、三家族を中央アルプスに戻すことになった。腸内細菌や健康状態などの事前チェックの基準を満たした母鳥三羽、ヒナ一六羽の計一九羽。これで、茶臼山動物園の三羽と合わせて計二二羽が、中央アルプスに移送される。特に、那須どうぶつ王国の三家族は、ライチョウでは初の野生復帰に挑む。

それでも、那須どうぶつ王国のライチョウ担当の獣医師・原藤芽衣《はらふじめい》は手放しで喜んではいない。

「那須どうぶつ王国では二六羽孵化しましたが、九羽は死にました。一七羽のうち一羽は足を傷めて中央アルプスに移送できません。現在も課題が多く、大成功とは言えません」

茶臼山の繁殖失敗については、「孵化した二羽とも死んでしまいました。田村さんのことを思うとすごくつらかったです」と表情を曇らせた。

復活作戦は、ついに最終目標の一つでもある野生復帰の手前までたどり着いた。

中村や小林ら復活作戦の関係者らの期待は膨らんだ。だが、まだ動物園で繁殖させたライチョウ家族を中央アルプスにヘリで移送するという最大の難関が待ち受けている。これが成功すれば、ライチョウでは初めてとなる野生復帰が叶うはずだ。

第八章　野生復帰

二〇二二年、私は長野市を拠点にしてフリーランスとして再出発した。幸い、朝日新聞長野総局長の清水敬久《たかひさ》から「退職後も引き続き長野版と新潟版で山の連載記事を寄稿してくださ い」と頼まれた。

予想もしなかった依頼だった。これで中央アルプスのライチョウ復活作戦を新聞で紹介できる。連載のタイトルは「山岳専門記者・近藤幸夫の山へ行こう」から「山岳ジャーナリスト近藤幸夫の新・山へ行こう」に変わった。退職して発表の場がなくなったと考えていただけに一安心した。簡単に言えば、取材も記事執筆も在職中と変わりがないのだ。

ただ、朝日新聞の記者ではないので、いわゆる一般記事は書けない。あくまでも社外筆者として寄稿する形となる。清水からは、若手記者へのアドバイスも頼まれた。

朝日新聞記者の肩書が取れたことで自由な立場で意見が言えるようになり、中村と信越自然環境事務所の小林とは在職中以上に付き合いが深まったと感じた。また、東京本社のカメラマン・杉本康弘をはじめ、在職中に知り合った各部署の記者やデスクからメールで山岳関係の問い合わせが絶えない。フリーランスの自由さを感じ始めていた。

二〇二二年も七月になり、動物園でライチョウの繁殖が進んだ。

ライチョウ復活作戦に取り組む小林から、携帯電話に何度も連絡が来るようになった。

八月上旬、前年と同じ二つの動物園からライチョウを中央アルプスにヘリコプターで移送する。動物園で繁殖したライチョウの野生復帰は国内初の挑戦である。メディアの注目度は高い。

今回は、中央アルプスのライチョウ復活作戦のいわばハイライトである。野生復帰は最も華々しいイベントとあって、現地取材の希望が多いと予想される。

ライチョウ家族を収容するケージの設置場所は、登山道から外れている。高山帯で高山植物などの環境保全のため、メディアも希望者全員が立ち入ることはできない。必然的に代表撮影社が映像を各社に配信することになる。広報担当の小林の心配は尽きない。小林はスムーズに事が運ぶよう、代表撮影の経験があり、気心が知れている私に相談してきたのだ。

八月九日、朝日新聞長野総局記者の菅沼遼《すがぬまりょう》と東京本社映像報道部のカメラマン・井手さゆりの二人を連れて、長野市から長野県駒ヶ根市に向かった。木曽駒ヶ岳の登山は、山頂駅がある千畳敷までロープウエーで上がる。ここから八丁坂を登れば、約一時間で稜線にたどり着ける。

ヘリ移送は、翌一〇日の朝を予定している。報道陣がトラブルなく取材できるよう九日午後四時、ヘリが着陸する頂上山荘で撮影の注意点などの事前説明がある。

メディアへの説明会は、取材する各社が早めにそろったので、午後三時から始まった。代表撮影は、新聞が朝日新聞、テレビはＮＨＫ長野放送局が担当する。

小林は一〇日のスケジュールを説明した。

「明日の天気予報は、あまりよくありません。本日も朝から木曽駒ヶ岳山頂付近は雲がかかっており、晴れ間は期待できません。ライチョウを移送するため現在、ヘリが那須どうぶつ王国のヘリポートに駐機しています。順調なら明日は午前五時に離陸し、木曽駒ヶ岳山麓の黒川平で、茶臼山動物園から車で陸送したライチョウ三羽をピックアップ。黒川平から一気に頂上山荘のヘリポートに運びます」

順調にいけば、午前七時にはライチョウが頂上山荘のヘリポートに到着する。だが、ヘリの離陸には、那須、黒川平、頂上山荘の三カ所で視界がきく好天が条件となる。那須の三家族はヘリが離陸したら引き返すことはできない。茶臼山のライチョウも同じである。

「明日は終日、離陸できるかどうかタイミングを待ちます。午前五時から定期的にメディアには伝えます。天狗荘で待機していてください」。小林の表情には、なんとしても明日中にライチョウを移送したいという決意が感じられた。

宿泊先の天狗荘は、玄関を入ったところが大広間となっていて長机が並んでいる。菅沼をはじめ、各社の記者がさっそくパソコンをザックから出し、翌日の予定稿を書き始めた。

予定稿とは、夕刊などで時間に余裕がない場合、あらかじめ原稿を書いておき、当日の様子などを付け加えて対応する原稿のことだ。ライチョウのヘリ移送の内容は事前にわかっているので、予定稿で対応できる。ただ、小林の説明だと、好天は期待できそうもない。天気次第ではヘリの飛行が難しく、延期もありそうだ。

翌日午前五時を過ぎ、日の出を迎えて空は明るくなったが、ガスが立ちこめ視界不良が続いている。小林からＮＨＫに第一報が入る。

「中央アルプスの視界が悪くヘリは待機します」

午前九時過ぎ、雲が切れて晴れ間が見え始める。頂上山荘で、今後の方針を決める打ち合わせが始まった。午前九時四〇分、那須どうぶつ王国からのヘリ離陸の方針が固まる。

午前一〇時二五分、長野市の茶臼山動物園からライチョウの成鳥三羽を乗せた車が黒川平へと出発した。午前一一時一〇分、ヘリが那須を離陸。ついに、「ライチョウ移送作戦」が動き出した。

午後一時、報道陣が頂上山荘に向かう。午前中、一時は好天と思われたが、再びガスが立ちこめてきた。三〇分ほどで頂上山荘に着くと、中村や環境省職員らがヘリの到着に備えていた。かつて取材した中部大学教授の牛田一成ら関係者たちも集まっていた。

前日、報道関係者に説明した後、小林はロープウエーで麓に降り、黒川平のヘリポートで茶臼山動物園のライチョウとともにヘリに乗り込むことになっていた。午後零時四一分、ライチョウを乗せたヘリが黒川平に到着し、頂上山荘へのフライトの機会をうかがっていた。

だが、午後二時近くになっても天候は回復しない。むしろガスが濃くなり、視界がますます悪くなった。記者たちのイライラが募る。小林に代わって報道対応をする環境省の仁田晃司《にったこうじ》が、しびれを切らしていた報道陣に説明する。仁田はヘリ移送の担当者でもある。

「必ず本日中にライチョウを頂上山荘まで運びます。ヘリが飛べない場合は、ロープウエーを使って人が搬送します」

仁田の言葉通り、ケージ保護のスタッフの中から選ばれたベテランの五人が、背負子《しょいこ》を背負って頂上山荘からロープウエーの山頂駅に向かっている。那須どうぶつ王国からヘリが離陸した後、ライチョウたちは餌を食べていない。どんな手段を使っても、この日のうちにケージまでライチョウを運ばなければならないのだ。

中村は、今回のヘリ移送が復活作戦で最大の難関だと感じていた。これ以上、移送に時間がかかれば、ヒナのうち何羽か死んでしまう。それでは野生復帰が成功したとはいえない。

頂上山荘のヘリポートは、登山道の分岐にある一〇メートル四方の平坦地である。午後二時二〇分、ここで待機していた東邦航空のスタッフが大声で叫んだ。

「東の空の雲が切れた。ヘリは飛べる」

仁田はすぐに反応し、関係者や報道陣に呼びかけた。

「陸送は中止します。ヘリによる移送を実施します」

しばらくして近くで怒鳴り声が聞こえた。

「ここを通っちゃだめだ。すぐに移動しなさい」

声の主は中村だった。登山者がヘリポートに近づかないよう指示をしながら怒っているのだ。ヘリの到着が遅れている。そのいらだちが中村の表情からうかがえた。驚いた登山者は小走りにテント場に向かった。

登山者の動きに気づいた仁田が、あわてて中村に呼びかける。

「中村先生、まだ通行規制はしていません」

私は、隣で戸惑っている菅沼に説明する。

「中村先生は、現場に出るとスイッチが入っちゃうんだ。ライチョウが最優先で、ほかのことは気にもとめなくなるんだ」


午後二時二五分、黒川平から計二二羽のライチョウを乗せたヘリが離陸した。だが、頂上山荘付近は再び濃いガスに包まれた。仁田たちの動きがあわただしくなる。ヘリポートは登山道の交差点に設けられている。安全対策のため、登山道にロープを張って登山者の動きを止めている。頂上山荘の前のテント場にいる数十人の登山者には、ヘリの飛来中は、動き回らないよう指示が出された。

相変わらずガスが立ちこめている。我々は雲の中にいる。視界も悪い。おそらくヘリは近くでホバリングして着陸のチャンスをうかがっているのだろう。ヘリの回転翼の音が徐々に大きくなる。

だが、至近距離にいるはずのヘリの姿は、全く確認できない。菅沼に、「ヘリは近くにいるよな」と聞くと、「間違いないです。ヘリは近くにいます」と言う。記者たちはカメラを構えて、着陸の瞬間を待ち続けている。

ふと恐ろしい考えが浮かんだ。

万一、ヘリがテント場に墜落したら多数の犠牲者が出る大惨事になるだろう。ライチョウの取材どころではない。復活作戦そのものが中止になってしまう。ライチョウ取材が、大規模な事故取材に変わってしまう。菅沼にそう話すと、「おかしなことを言うのは、やめてください。縁起でもない」。真顔で非難された。

午後二時四〇分ごろ、ガスの中にオレンジ色の光が見えた。だが、ヘリはまだ姿を見せない。

轟音が近づく。いきなりヘリ特有の回転翼が吹き下ろすダウンバーストが起き、強風とともに小石や砂が降ってきた。その粒が顔に当たり、目を開けていられない。

突然、五〇メートルほど先のガスの中から機体が現れた。山肌に触れそうな位置をキープしながら、ヘリはゆっくりと着陸態勢に入った。

後でニュース映像を確認すると、副操縦士が左側のドアを開けて、斜面との距離を確認しながら、右側の操縦席で機長が機体を操っているではないか。まさに命がけのフライトだった。

五分後、ヘリが着陸した。報道陣が待機する頂上山荘からは五〇メートルほどの近距離だが、ガスの中、機体はぼんやりとしか見えない。

記者たちは夢中でカメラのシャッターを切っている。着陸と同時に段ボール箱を抱えた人影が降りるのが見える。二分足らずで一連の作業を終えた後、ヘリは向きを変えて再びガスの中に消えた。

報道陣全員が放心したような表情でヘリを見送った。誰も言葉を発しない。現実に起きている出来事とは思えなかった。

あたかも、スクリーンに映し出されるスペクタクル映画を見ているような気分だった。復活作戦のハイライトは、成功裏に終わった。

ヘリに同乗していた那須どうぶつ王国園長の佐藤哲也は、「まるでハリウッド映画の『地獄の黙示録』のような光景でした」と語った。茶臼山動物園の田村直也は「離陸した後、怖くてずっと下を向いていました」と言い、顔面蒼白《そうはく》だった。

ライチョウが入った段ボール箱は、頂上山荘近くのハイマツが茂る斜面に設けられた三つの保護ケージに運ばれた。小林たちが、段ボール箱を持って駆け足でケージに向かう。記者たちは、一連の動きをカメラに収めようと、シャッター音だけが連続して響く。

午後三時八分までに、移送された二二羽は一羽も欠けることなく、ケージに収容された。ケージ内で全てのライチョウが落ち着いていることも確認された。代表撮影をするのは、朝日新聞とNHKだ。井手は、初めてのライチョウ撮影だったが、ケージの中で動き回るヒナたちの愛らしい姿を何枚も撮影した。

代表撮影終了後、頂上山荘前で関係者の囲み取材が始まった。復活作戦の発案者で、現場で指揮を執る中村は感極まっていた。

「ライチョウの人工飼育は、大町山岳博物館が六〇年前に始めました。この長い歴史の中で、平地で繁殖させた個体を山に戻せたのは今回が初めてです。今回、動物園など大勢の関係者の協力で、やっとここまでたどり着けました。来年以降、ヘリ移送したヒナたちが繁殖することで、最も困難な野生復帰を完全に成功させたいと思います」

目にはうっすら涙が浮かんでいた。

佐藤は、興奮冷めやらぬ面持ちで話した。

「那須どうぶつ王国では、七年前に別亜種のスバールバルライチョウからライチョウ飼育を始めました。昨年八月、中央アルプスから移送した貴重なライチョウを預かりました。九月には一羽の母鳥が不慮の死を遂げるなど困難続きでした。今年、何とか産卵、抱卵、育雛《いくすう》を経て無事に三家族を現地に送り届けることができました。中央アルプスのライチョウ復活事業は、現地で保護増殖をする生息域内保全と、動物園で増やす生息域外保全の二つの連携が必要です。今日移送した三家族が、何とかこの山で生き残って子孫を増やしてほしいと願っています」

孵化直後にヒナが死んでしまい、昨年ヘリ移送した成鳥三羽のみを現地に戻した田村は、表情に悔しさがにじむ。

「今年、二羽のヒナが孵化しましたが、生きながらえさせることはできず、残念でなりません。茶臼山動物園には、昨年ヘリ移送したオスとメスのペアが一組残っています。今年の反省、課題を生かして、来年こそ動物園で繁殖させたライチョウを野生復帰させたいと考えています」

ヒナを含めた二組のライチョウ家族を移送できなかった田村の心情を考えると、私は彼にかける言葉がなかった。

午後四時過ぎ、囲み取材が終わった。ロープウエーの最終便は午後五時。頂上山荘からロープウエーの山頂駅まで一時間以上かかる。報道陣は下山をあきらめ、もう一晩天狗荘に泊まることになった。

無事にヘリ移送が終わり、ライチョウたちも元気だったので、記者たちの表情は明るい。宿泊先の天狗荘に戻ると、大広間で翌日の朝刊に出す原稿の作成作業が始まった。締め切り時間がタイトな夕刊作業と違って、朝刊作業は余裕がある。それ以上に、ガスの中での劇的なヘリの着陸を目撃した記者たちは、その感動を素直に原稿に盛り込んだ。パソコンのキーボードをたたく音も軽やかに感じられる。

遅い夕食をとった後、頂上山荘にいる環境省の小林から携帯電話に連絡が入った。

「明日、午前七時半からヘリ移送後、初めてライチョウ家族をお散歩させます。代表撮影となりますが、皆さんどうしますか」

ケージ保護では、午前と午後の二回、ライチョウ家族をケージから出して、自由に行動させる。この時、母鳥がヒナたちに食べられる高山植物や、天敵から身を守る術などを教える。ケージ保護のスタッフたちは、近くから見守る。この一連の作業が「お散歩」なのだ。

二年前の乗鞍岳からのヘリ移送では、午前中にヘリが到着し、午後にお散歩の取材ができた。今回、スケジュールが大幅に遅れ、報道陣が余分に山小屋で一泊する。小林は、現地まで来てくれた複数のメディアに精一杯の配慮をしたのだ。代表撮影社でなくても、登山道からライチョウ家族のお散歩は確認でき、望遠レンズを使えば写真撮影も可能だ。

新聞各社に希望を聞くと、全員が代表撮影と登山道からの見学を希望した。カメラマンの井手も、ヘリ到着後の代表撮影では、ケージ内でのライチョウしか見ていない。「自然の中で動き回るヒナたちを見てみたい」と言う。翌朝は、木曽駒ヶ岳まで登り、自然繁殖したライチョウを探すことを私が提案すると、全員が「ぜひ木曽駒ヶ岳に登頂したい」と声をそろえた。

この夜、私は寝付けなかった。本当に動物園生まれのライチョウのヒナが中央アルプスにやってきた。中村や小林たちが待ち望んだ野生復帰が叶ったのだ。歴史的な場面に立ち会えたことがうれしかった。

天狗荘の玄関を出ると、星が見え始め、雲が切れてきた。夜明け前、東の空が明るくなり、雲海が広がっている。各社の記者たちも外に出てきた。日の出直前、雲や山の岩肌がピンク色に染まり始める。モルゲンロートだ。

高山では、晴れた日の日の出直前の数分間、周囲がバラ色に染まる現象が起きることがある。これをモルゲンロートと呼ぶ。天狗荘の北側に回り、ケージがある中岳は岩肌が美しく輝き、記者たちは初めて見るライチョウ家族のお散歩への期待感を募らせていた。

天候は前日とうって変わって好天となった。ヘリ移送を一日遅らせていれば、危険極まりないフライトは避けられた。私は、天候に左右されるヘリ移送の難しさを痛感した。

木曽駒ヶ岳の山頂に着くと、一足先に到着した菅沼が声をかけてきた。「ライチョウがいますよ」。人だかりができ、スマートフォンやカメラを同じ方向に向けている。その先には、成鳥の半分くらいの大きさになったヒナ二羽が高山植物をついばんでいた。

まだ、若鳥とはいえないサイズだが、ライチョウを初めて見た登山者にすれば成鳥に見えるようだ。そばに母鳥がいないのが気になった。菅沼たちに「近くに母鳥がいるはずだ。探してみて」と指示した。

ヒナたちは、登山者たちにサービスするかのように、近づいても逃げない。しばらくして山頂西側のハイマツの群落がある場所に移動した後、ひたすら高山植物をついばみ続けている。結局、母鳥は見つからず、二羽ともハイマツの中に姿を消した。

熱心にヒナを撮影した井手は、「こんなに近づいても、ライチョウは逃げないのですね」と驚いた。二羽とも足輪が一個しか着いていなかったので、ケージ保護後に放鳥した個体だとわかった。

私は以前、小林に聞いたことがある。「ケージ保護したライチョウは、人間のことを何だと思っているのか。少なくとも敵ではないよね」。小林は「敵とは思っていないけど、味方だと思っているわけでもないだろうね」と複雑な表情を見せた。

同じ質問に対し、中村の答えは違う。「もちろん敵だと思っていないし、間違いなく味方だと思っています」と言い切った。中村は常々、「ケージ保護が成功するか否かは、母鳥と人間の信頼関係です。母鳥が嫌がるようなことをすれば、ヒナたちも敏感に感じ取ります」と言っている。だが、本当のところは、ライチョウに聞いてみないとわからないと私は思う。こんなエピソードを記者たちに話した。

午前七時半、木曽駒ヶ岳山頂から頂上山荘に戻った。すでに小林や中村たちはケージに移動していた。那須どうぶつ王国の佐藤や茶臼山動物園の田村ら関係者も集まっていた。

報道陣の中でケージまで行けるのは、代表撮影をする井手だけだ。登山道からケージまでは一〇〇メートル以上離れている。我々は、登山道からライチョウを望遠レンズで撮影することになる。もっと近くで撮りたい。事前に私は、ケージに向かう井手に伝えていた。

「中村先生に頼んでライチョウ家族を登山道近くまで誘導してほしい。中村先生はサービス精神が旺盛だから、きっとやってくれるよ」

井手がケージに到着してしばらくすると、ケージの扉が開いた。望遠レンズを装着したカメラでのぞくと、母鳥を先頭にヒナたちが勢いよく飛び出してくる。「ピヨピヨ、ピヨピヨ」。聞き慣れたヒナたちの鳴き声が響き渡り、登山道からも聞き取れる。天候は快晴になってきた。関係者に見守られ、ライチョウ家族のお散歩が始まった。

報道陣のほか、ＮＨＫの撮影チームが、登山道外からカメラを構えた。これを見た登山者たちが集まってくる。

「ライチョウがお散歩をしていますよ」と私が教えると、「うわー、うれしい」「中央アルプスのライチョウが復活したのは知っていたけど、実際に見られるのですね」。口々に感想を話す登山者たちが、登山道に並んで撮影を始めた。

お散歩が始まって三〇分ほど過ぎた。井手に頼んだ通り、中村が登山道の近くまでライチョウ家族を誘導している。登山道では、カメラやスマートフォンを持った登山者が列をなして待っている。

どこかで見た光景だ。かつて乗鞍岳で、ハイマツの茂みの前でスマホを持った登山者の列を見たことがある。ライチョウの母鳥とヒナ二羽が、登山道脇で砂浴びをしており、その様子を撮影していたのだ。

今、私の前で繰り広げられているシーンは、乗鞍岳の登山者たちの光景と重なる。乗鞍岳は、ライチョウの生息数が多く、生息地までバスやタクシーで行ける。ライチョウ観察の人気スポットでもある。中央アルプスにもロープウエーがあり、手軽に登山ができる。同じような高山で、同じような光景が繰り広げられている。ということは、半世紀前に絶滅した中央アルプスでも、すでにライチョウが復活したと言っていいのではないか。

いや、これは動物園から運んだばかりのライチョウたちで、まだケージ保護の最中なのだ。野生復帰に成功したとまでは言えない。さらにヒナは幼い。結論を出すには早すぎる……。

代表撮影は一時間近く続いた。満足するまで撮影した井手が登山道に戻ってくる。

「ライチョウの家族が中村先生の思い通りに移動してくれました。登山者とライチョウ家族が絡んだ写真が撮れました」と喜んだ。

佐藤が下りてきたので、初めてのお散歩の感想を聞く。

「昨日の朝まで動物園にいたライチョウが、ケージから出てきた瞬間、神々しい姿に見えました。まるで猿人から原人、旧人、ホモサピエンスと人類の進化を一気に見るような感覚でした。昨日のヘリ移送とはまた違った感情が湧いてきました。日本で初めて動物園で繁殖したライチョウが、自然の環境で行動しています。夢がこんなに早く実現するとは。感無量です」

前日以上に興奮して話した。

日本動物園水族館協会で生物多様性委員会委員長を務める佐藤は、ライチョウ復活作戦では動物園側の重鎮的存在である。東日本大震災やコロナ禍で厳しい経営状況が続いても、「動物園の役割は大きく変わってきました。希少動物の保全は絶対にやらなければなりません」とライチョウの野生復帰チャレンジを、強引ともいえるリーダーシップで成し遂げた。

だが、那須どうぶつ王国での母鳥死亡事故以来、中村との軋轢は関係者の間で不安の種となっている。前日のライチョウのヘリ移送成功では、中村と喜びを分かち合っていたので、私は思わず確認したくなった。

「やっと中村先生と和解できましたね」

すると、佐藤はいたずらっ子のように笑いながら言う。

「野生復帰に関してだけですよ。それ以外はね、どうだろう」

いやはや、トップ同士の関係は難しい。それでも、私としては復活作戦成功という大きな目標が二人の間でこじれた糸を解きほぐしてくれるに違いない、と願うしかなかった。

中村も取材を受けるため、報道陣の近くにやってきた。

「ヘリ移送後、三家族とも無事に一夜を過ごし、一家族をケージの外に出すことができました。やっと野生復帰の第一歩を歩み出すことができたのです。二〇一八年に確認された一羽のメスから始まった復活事業で、歴史の一ページを開くことができました」

その言葉を聞きながら私は、復活作戦のゴールが間近に迫っていることを確信した。

終章

二〇二二年一〇月一一日、中央アルプスの木曽駒ヶ岳で日帰りの「ライチョウ観察会」が開かれた。復活作戦の成果を一般に公開するのが目的だ。長野県駒ヶ根市で開かれた「ライチョウ会議長野県駒ヶ根・宮田大会」の関連イベントで、中村と小林の二人が現地で解説するという。

人気が高く、参加者は申し込みの先着順に決まる。全国の七歳から七五歳の男女二三人が集まった。山岳ガイド二人も同行する。

報道陣は、私のほか長野朝日放送の山岡秀喜ら三人の撮影班、信濃毎日新聞、長野日報の記者が取材した。

正直なところ、このとき私は登山ができる体調ではなかった。一〇月七日、北アルプス北部の高瀬《たかせ》渓谷の湯俣《ゆまた》にある山小屋に日帰り取材に行った。この日は朝から雨模様で、午後から本降りになった。

山小屋での取材を終え、高瀬川にかかる吊り橋を渡ったら、その先が往路では簡単に渡れた細い流れが増水して新しい川になっている。登山道に戻るには、流れを越えなければならない。幅一・二メートルほどの渡れそうな場所を跳び越えた際、左の太ももに激痛が走った。帰路は登山口までは緩い下りだが、アップダウンのある場所は激痛のため、何度も休みながら、ようやく下山した。

念のため翌日、自宅近くの整形外科医院に行った。エックス線写真を撮ると、幸い骨折はしていない。医師の診断は肉離れ。完治には二〜三週間かかるという。湿布と鎮痛剤をもらったが、医師には「三日後に中央アルプスに登っていいですか」とは聞けなかった。

観察会の前日には、平地なら何とか歩けるまでに回復した。だが、八丁坂の急な登りは自信がない。中村からは、「観察会は、菅の台バスセンター集合です。近藤さんも私たちと一緒に登りませんか」と誘われたが、事情を説明し早めに出発して稜線の宝剣山荘で、中村たちを待つことにした。

私は午前八時始発のロープウエーに乗った。山頂駅の千畳敷から歩き始めたが、やはり、いつものようなペースでは歩けない。八丁坂への分岐からは傾斜がきつくなる。秋の行楽シーズンのうえ好天に恵まれ、登山者は多い。高齢の夫婦連れにも道を譲り、何度も休みながらゆっくり登る。

通常の倍近く時間をかけて稜線に立つ。この先のコースは、緩やかな稜線歩きとなる。観察場所の木曽駒ヶ岳山頂直下の巻き道まで、何とか参加者たちと同じペースでついていけそうな気がした。

宝剣山荘で中村を待っていると、山岡がやってきた。カメラマン二人もいる。山岡によると、観光客や登山客が多く、ロープウエーが混雑している。観察会の参加者たちは、全員が同じ便には乗車できなかったという。


午前一一時半、中村たち観察会の一行が宝剣山荘に到着する。山荘内で簡単な昼食をとった後、中村と小林の二班に分かれ、それぞれ山岳ガイドが同行して、木曽駒ヶ岳山頂直下のハイマツが茂る場所を目指した。

途中、中岳の山頂からは、ライチョウが生息する南アルプスや御嶽山、乗鞍岳、北アルプスが望める。小林は、目の前に広がるこれらの山並みを指差して、復活作戦のきっかけとなった飛来メスの移動ルートを説明した。

「南アルプスと中央アルプスの間には、伊那谷があり、ライチョウは飛び越えられません。また、御嶽山と中央アルプスの間には、木曽谷があり、こちらも移動は難しいです。乗鞍岳だと、山伝いに中央アルプスまで飛来することは可能です」

中岳から頂上山荘までは岩場の多い登山道が続く。頂上山荘の前で休憩した後、一行は木曽駒ヶ岳山頂直下の北東に延びる平坦な登山道を歩き出す。中村が登山道下に広がるハイマツの群落に分け入って、大声で叫んだ。

「ライチョウがいますよ」

母鳥一羽とヒナ八羽の計九羽の群れだった。ヒナたちは、母鳥と見分けがつかないほど成長している。羽は白や茶、黒が交じった秋羽に換わっている。高山植物や低木が生える見通しの良い風衝地で、盛んに高山植物をついばんでいた。

この光景に喜んだ参加者たちが、登山道のロープ沿いに並んでカメラやスマートフォンでライチョウの撮影に熱中している。

中村は、登山道から二〇メートルほど下のハイマツが茂る斜面に立って、ライチョウ講座を始めた。

「ライチョウたちは、あと一カ月もして根雪の季節になれば、真っ白い冬羽になります。この時期に九羽というこんなに大きな家族の群れを見るのは、私にとっても初めての体験です。ライチョウたちが今食べているのは、ガンコウランやコケモモなど高山植物の実です。

群れの構成は、母鳥とヒナ五羽の家族に、別の家族から親離れしたヒナ三羽が加わっています。この母鳥は子育てがうまいようで、他の家族のヒナたちが加わったのでしょう。

群れの中心は、那須どうぶつ王国から野生復帰させた家族です。ヘリコプターで移送した後、二カ月生き抜いています。那須から連れてきたライチョウだということは、母鳥に着けられた足輪の色で判別できます。

今、オス同士が『ガッ、ガー』という声を上げてケンカをしましたね。繁殖期のなわばり争いで、オスはこのような声を出します。ライチョウは生まれた翌年から繁殖できます。このヒナたちも来年には、つがいをつくって繁殖してくれるでしょう」

中村は、ライチョウの群れの構成などを説明した後、復活作戦の今後の予定や見通しについて話し始めた。

「皆さんが見ている中央アルプスの高山帯は、ハイマツが茂り、ライチョウにとって最高の生息環境なのです。餌の高山植物も豊富にありますよね。

この近くで二〇一八年七月、一羽のライチョウが見つかりました。これが復活事業のきっかけです。ただ、最近は高山帯にいないはずだったテンやキツネが稜線まで上がってきています。ライチョウのヒナは孵化後、一カ月間の死亡率が高いのです。昨年から頂上山荘の上に三つのケージを設置して、繁殖したヒナたちを天敵から守っています。

ここまで復活事業は順調に進んできました。数年後には中央アルプスのライチョウを二〇〇羽まで増やす計画です。二〇〇羽になれば、隣の乗鞍岳と同じ規模の集団になります。そうなれば、ライチョウが中央アルプスで、ごく普通に見られる鳥になります。

現在、国内で最もライチョウが観察しやすいのは、アルペンルートで行ける北アルプスの立山。その次は乗鞍岳です。中央アルプスが二〇〇羽の集団になれば、ロープウエーを降りて約一時間で生息地に来られるので、日本で一番ライチョウが観察しやすい山になります」

中村は、復活作戦で最終目標の生息数を二〇〇羽と言った。つい最近まで一〇〇羽と言っていたのは「当面の目標」だったそうだ。本人は「最初のゴールラインは越えました。最終目標に向かって頑張るつもりです」と話す。

中村は、参加者たちがライチョウの群れをもっと間近で見られるよう、同行したスタッフに指示して登山道を横切らせて上のハイマツ帯に誘導させた。ライチョウたちは、中村の指示通り隊列を組んで斜面を登る。九羽が列をなして歩くのは目を引く光景だ。私は、ケージ保護で培った技術が、こんな形で利用できることに驚いた。

岐阜県高山市から参加した直井清正は、「なぜ中央アルプスでライチョウが絶滅したのか不思議でならない」と感じた。ツアーの参加者で最高齢の七五歳。「乗鞍岳と飛騨の自然を考える会」の副会長を務めている。岐阜県が乗鞍岳で実施しているライチョウの調査を一〇回ほど経験しているが、中央アルプスに登ったのは初めてだ。

「ライチョウが数多く生息する乗鞍岳より生息環境がいいと思います。特にハイマツの背丈が低く、姿を隠しやすい。ライチョウにとって最適の営巣条件だといえます」

それから半年後の二〇二三年四月二七日、中村はこの年初めてライチョウ調査のため、二泊三日の日程で中央アルプスにやってきた。気がかりなのは飛来メスの消息だ。

ライチョウの寿命は、中村の調査によると最長でも一〇歳ほどだ。多くは五歳までに天敵に襲われるなどして命を落とす。木曽駒ヶ岳で飛来メスが見つかったのは二〇一八年七月のことである。その三年前の二〇一五年、「ＹｏｕＴｕｂｅ」に木曽駒ヶ岳で飛来メスと思われるメスのライチョウの動画が公開されている。飛来メスは二〇一四年以前に北アルプス・乗鞍岳で生まれ、翌春の繁殖期までに中央アルプスにやってきたと推測される。二〇二三年の段階で九歳以上になる極めて高齢のライチョウである。

中村は年々、飛来メスの産卵数が減っていることが心配でならない。復活作戦がスタートした二〇一九年は八卵、二〇二〇年七卵、二〇二一年七卵、そして二〇二二年は六卵にまで減った。中村は、産卵数の減少を高齢の影響と考えている。

通常、中村はライチョウに名前をつけたりしない。個体識別のために着けた左右の足輪計四個の色で判別する。飛来メスなら「赤赤・赤赤」となる。だが、飛来メスだけは足輪の色でなく、親しみを込めて「飛来メス」と呼ぶ。

中村は、中央アルプスにいるライチョウの中で飛来メスと最も付き合いが長い。飛来メスがいなければ、中央アルプスの復活作戦は手つかずのままだっただろう。中村にとって、飛来メスは唯一無二のライチョウなのだ。最近は、環境省も公式文書で「飛来雌」と表現している。プロジェクトを説明するには、不可欠な存在でもある。

調査初日は、これまで飛来メスが居着いていた周辺を、一日かけて広く歩き回ったが、見つからなかった。今年はもう飛来メスに出合えないかもしれない。出だしから不安の念にさいなまれる。

二日目の二八日午後、一羽のオスが木曽駒ヶ岳山頂直下の雪が積もる崖のような急斜面に舞い降りるのを確認した。降りた近くにメスがいる。だが、遠すぎて個体識別用の足輪が確認できない。中村はピッケルを手にアイゼンを装着して、一人で危険な急斜面を三〇メートルほど慎重に下った。ライチョウに近づいて確認する。足輪の色は左右とも赤が二つだ。間違いない。飛来メスだ。よかった。無事に生きていてくれた。二年前から伴侶となっているオスは、乗鞍岳生まれの三歳である。


六月になり、飛来メスは六個の卵を産み、無事に孵化して全てヒナになった。三年連続で自分のヒナが誕生。頂上山荘近くに設けられた保護ケージ周辺で子育てにいそしんでいた。

七月中旬、私は飛来メスに再会したくなり、日帰りで中央アルプスに登った。笑顔で私を迎えてくれた中村は、ケージ保護にかかりきりになっている。中村は、環境省の小林と二人でライチョウ家族を見守っていた。好天に恵まれたこの日、飛来メスと六羽のヒナは小林が担当していた。ケージから外に出て「お散歩」をしている飛来メスの家族を撮影しようと近づいたら、飛来メスが私の足元まで来てしまった。近すぎる。どうすればいいのだろう。

困惑している私に向かって、小林は笑いながら言う。

「近藤さん、飛来メスになつかれていますね」

飛来メスは、私を仲間だとでも思っているのだろうか。ヒナはまだ幼い。飛来メスの目の届く距離で盛んにガンコウランなどの高山植物をついばんでいる。何度見ても心が和む光景だ。

突然、飛来メスが首を伸ばして上空を見上げながら、「クワッ、クワッ」と警戒音を発した。するとヒナたちは一斉にハイマツの陰に隠れた。何が起きたのだろう。

小林が、近くで別の家族を担当していた中村に告げる。

「お母さんも岩陰に隠れました。猛禽類が上空を飛んでいます」

すぐに中村が大声で小林に返事をした。

「飛んでいるのはトビだね」

しばらくしてトビは尾根の向こう側に飛び去り、安全がわかるとヒナたちは隠れていた場所から出てきて再び高山植物を食べ始めた。自然の中でライチョウの天敵は多い。飛来メスを含む母鳥たちは、ヒナを守ることに全精力を傾けている。

私は、今年も飛来メスとヒナたちの元気な姿を見ることができたのがうれしかった。飛来メスが木曽駒ヶ岳まで飛んでこなければ、復活作戦は実施されていない。半世紀ぶりによみがえった中央アルプスのライチョウたちに、登山者が出合うこともない。

飛来メスは、ライチョウの生存戦略として本能のまま中央アルプスにやってきた。偶然ともいえる彼女の行動が、これ以上ないタイミングで起きた。環境省が取り組む、ライチョウの保護増殖事業の第一期実施計画の終盤。もし、飛来メスが木曽駒ヶ岳に現れなかったら、第二期実施計画で中央アルプスにライチョウを復活させる試みは盛り込まれていない。二〇〇九年、絶滅山域の白山でも一羽のライチョウのメスが北アルプスからやってきた。だが、ケージ保護の技術確立や世論の合意など人間側の準備が整っておらず、復活作戦には至らなかった。

中央アルプスのライチョウ復活作戦は、中村が発案したプロジェクトである。それでも、中村一人では、とうてい実現できない壮大な試みだ。アイデアレベルでは、スタート地点にさえ立てない。

一九七九年、中村の恩師・羽田健三が世に問うた幻の復活作戦。当時の技術では、中央アルプスにライチョウを復活させるのは夢の計画にすぎなかった。羽田自身も無理だとわかっていたはずだ。羽田がライチョウの生態や生息数など基礎的な研究を地道に積み上げる。中村は羽田からそのバトンを引き継ぎ、復活作戦の指揮を執る。夢のプロジェクトに数百人が関わり、全員が力を合わせてジグソーパズルのピースを一つずつはめていく。気の遠くなるような地道な努力の結晶が、目の前にいる飛来メス家族のくつろいだ姿に見えてくる。

飛来メスは、乗鞍岳から木曽駒ヶ岳まで山伝いに約四〇キロの冒険的な長旅を、たった一羽で成し遂げている。体力は抜群だ。慎重な性格で、天敵を避けるため、崖のような急斜面を選び越冬する賢さを持ち合わせている。

飛来メスと出合ったことで、中村はライチョウ保護の集大成ともいえる復活作戦のゴール目前までたどり着いた。飛来メスと同じように大きく羽ばたき、翔んだのだ。復活作戦をスタート前から追った私も、これほど長期間にわたって一つのテーマに取り組んだのは初めての経験だ。ここまでを振り返り、ジャーナリストとしても翔ぶことができたのだろうと感じている。

七月二六日、飛来メスの家族はヒナを一羽も失うことなく、ケージ保護を終えて自然の中に放鳥された。一〇月に中村が実施した生息調査でも飛来メスの元気な姿が確認された。

環境省は、中央アルプスのライチョウ復活について「ケージ保護や動物園の繁殖個体を野生復帰させるなどの事業を終え、人の手を介さなくても自立できる個体群となった時、中央アルプスは新たな生息地となる」としている。復活作戦の成功宣言まであと数年はかかりそうだが、絶滅の恐れがあるほかの希少種を復活させるモデルケースにするのが目標という。

中央アルプスのライチョウが絶滅してから半世紀が過ぎた。その間、日本の原生的な高山環境は著しく悪い方向に変化している。昭和、平成、令和と移り変わり、我々の生活は豊かになった。次に目を向けなければならないのは自然へのいたわりではないだろうか。

飛来メスは、私たちの自然への意識を変えた。ライチョウは貴重な鳥で守らなければならないことを世に知らしめてくれた。そして、ライチョウを守ることが、中央アルプスの高山環境を、ひいては日本の自然を守ることにつながることも教えてくれた。

いま私は、復活作戦を中村とタッグを組んで始めた福田の言葉の意味が、やっとわかった気がする。

「木曽駒ヶ岳で見つかったメスのライチョウは、自然に対する人間の責任を問うために飛んできた、まさしく神の鳥なのかもしれません」

あとがき

二〇〇三年九月、私はネパール中部のダウラギリ山群でイエティ（雪男）を捜索する遠征隊を取材するため、標高四三五〇メートルのベースキャンプに行った。色とりどりの高山植物が咲き乱れる地で過ごした隊員たちとのテント生活は忘れられない思い出だ。稜線に出ると世界七位の高峰ダウラギリⅠ峰（八一六七メートル）が目前に迫る。結局、イエティは発見できなかったが、その後もヒマラヤ山中に棲むという謎の動物イエティに興味を持ち続けている。

取材の過程で国立科学博物館人類研究部長の馬場悠男《ばばひさお》さんに会う。人類学の世界的な研究者として知られる馬場さんの話を聞くうち、ワクワクしてきた。イエティは人類進化の鍵を握る生き物なのかもしれない。研究室は人類化石などが所狭しと棚や机の上に並ぶ異界の空間でもあった。世界最先端の研究成果を直接、研究者本人から聞くことができるのは、新聞記者の特権なのだ。

この至福の感情を再び呼び覚ましてくれたのが、ライチョウだった。その水先案内人が信州大学名誉教授の中村浩志さんである。ライチョウでは他の追随を許さないレベルの研究者だ。

二〇一八年夏、中央アルプスの木曽駒ヶ岳で半世紀ぶりに一羽のライチョウのメスが見つかった。後に「飛来メス」と呼ばれることになる奇跡の鳥である。実はこの時まで、私はライチョウにそれほど関心を持っていなかった。ただ、このメスをきっかけに前代未聞の「ライチョウ復活作戦」がスタートし、イエティ以上の高揚感が私の中に沸き起こってきた。絶滅山域でライチョウの群れを復活させる初のチャレンジとなる。予想もしなかった環境省の事業として、国を挙げてのプロジェクトになってしまったのだ。

そもそも「復活作戦」は、私が勝手に名づけたものだ。環境省が使う名称は「中央アルプスにおける個体群復活事業」である。「もっとわかりやすい言葉はありませんか」。原稿をチェックする長野総局のデスクとやりとりする中で、原稿に書いた「復活作戦」が見出しになり、ほかのメディアも使うようになった。

だが、「作戦」は、軍事用語であり、転じてスポーツでも使われるようになった言葉である。最初は、ちょっと戸惑いもあり、クレームが来たらどうしようかと悩んだこともある。取材が進むうち、そんな杞憂《きゆう》は吹き飛んでしまう。まさに体を張った「作戦」なのだ。

二〇一九年から中央アルプス通いが始まった。復活作戦の取材は生半可な気持ちでは務まらない。中村さんを現場で取材するには、調査員の役目が求められる。土砂降りの雨の中、凍えるような雪山でのライチョウを探す調査は、肉体的にも精神的にも追い込まれる。それでも、苦労の末に出合ったライチョウは、私にとって大げさな表現でなく神の鳥に思えてくる。

復活作戦は、山あり谷ありの難関プロジェクトだ。孵化したばかりのヒナが全滅したり、悪天候の中、ライチョウ家族を搬送するヘリコプターの離れ業のような着陸を間近で見たりして、それこそハラハラドキドキを何度味わったことだろう。だが、山小屋生活の肉体労働ともいえる取材は、単純に楽しかった。ライチョウを自分の目で見て、ハイマツが茂る高山帯の厳しい自然環境を体感する。記者会見に出て記事を書く作業とは充実感も達成感も全く違う。

中村さんの鬼気迫るほどのライチョウにかける情熱には圧倒された。七〇歳を超えても体力は衰えず、入山日数は年間一〇〇日を超す。「私は鳥の気持ちがわかるのです」との言葉通り、ライチョウを知り尽くしている。どんな困難に遭《あ》っても決してあきらめようとはしない。プランAがダメならプランB。それでもダメならプランCがある。たった一羽のメスから始まった復活作戦は二〇二二年、動物園で産まれたライチョウの野生復帰も果たし、この年一〇〇羽を超す個体群が中央アルプスに生息するまでになった。復活作戦はゴールが見えてきた。

復活作戦の取材を通じて、現在、ライチョウが生息する本州の高山帯の危機的な状況を知った。山村の過疎化で里山が整備されなくなり、キツネやテンなどの動物が高山帯に侵入し、ライチョウの新たな天敵になっている。温暖化による環境変化も心配だ。いま私は、ライチョウを守ることは地球規模の環境保全につながると思うようになっている。

この本は大勢の人たちの協力がなければ書き上げられなかった。主な方々のお名前を挙げ、御礼を述べたい。中村さんをはじめ、環境省の福田真さん、小林篤さん、有山義昭さん、仁田晃司さん、鈴木規慈さん、自然環境研究センターの兼子峰光さん、中部大学の牛田一成さん、同大留学生のアンネ・マーリット・ヴィークさん、茶臼山動物園の田村直也さん、雷鳥写真家の高橋広平さん、朝日新聞社の杉本康弘さん、薮塚謙一さん（現長野朝日放送）、石川幸夫さん、菅沼遼さん、井手さゆりさん、小野智美さん、長野朝日放送の倉島崇志さん、山口哲顧さん、沖山穂貴さん、仁科賢人さん、山岡秀喜さん、大町山岳博物館の宮野典夫さん、栗林勇太さん、信州大学山岳会の大島龍太さん、河内皓亮さん、北野なつこさん、宝剣山荘支配人の千《ち》島浩聡《しまひろあき》さん、そして、いつも私を支えてくれる妻の近藤葉子。

二〇二四年三月六日、ライチョウの野生復帰に尽力した那須どうぶつ王国園長の佐藤哲也さんが、心不全のため逝去されました。六七歳でした。ご冥福をお祈りします。

この本は、私にとって初めての著書になる。最初に声をかけてくれた集英社インターナショナルの編集者、田中伊織さんには感謝しかない。初稿を渡した時の言葉は強烈だった。「ここからがスタートですね」。以後、叱咤激励の連続と緻密なアドバイスで何とか最後まで走り抜けることができた。本当にありがとうございました。

二〇二四年四月、長野市

近藤幸夫

ライチョウの略年表

一九一〇年	ライチョウを保護鳥に指定。
一九二三年	ライチョウを天然記念物に指定。
一九五五年	ライチョウを特別天然記念物に指定。
一九六〇年	北アルプス・白馬岳から富士山にライチョウを移植。
一九六三年	大町山岳博物館が人工飼育を開始。
一九六七年	南アルプス・北岳から奥秩父・金峰山にライチョウを移植。
一九八五年	信州大学の羽田健三教授が国内のライチョウ生息数を約三〇〇〇羽と発表。
一九九三年	ライチョウを国内希少野生動植物種に指定。
二〇〇〇年	長野県大町市で「第一回ライチョウ会議 設立大会」が開催される。
二〇〇一年	信州大学の中村浩志教授が北アルプス・乗鞍岳でライチョウの生息調査を開始。
二〇〇九年	絶滅山域の白山で、約七〇年ぶりにライチョウが発見される。

二〇一二年	環境省はライチョウを第４次レッドリストの絶滅危惧Ⅱ類から絶滅危惧ⅠB類に引き上げ、「ライチョウ保護増殖事業計画」を策定。
二〇一四年	環境省が「第一期ライチョウ保護増殖事業実施計画」を策定。
二〇一五年六月	乗鞍岳でライチョウの卵を採取し、上野動物園と富山市ファミリーパークに移送し、人工飼育を開始。
二〇一五年六月	南アルプス・北岳でライチョウ家族のケージ保護を初めて実施。
二〇一五年八月	中村浩志が北アルプス・東天井岳でニホンザルがライチョウを捕食するのを確認。
二〇一六年六月	前年に続き乗鞍岳でライチョウの卵を採取し、上野動物園、富山市ファミリーパーク、大町山岳博物館に移送。
二〇一八年七月	中央アルプス・木曽駒ヶ岳で半世紀ぶりにライチョウが発見される。このライチョウは「飛来メス」と名づけられる。
二〇一九年三月	上野動物園、大町山岳博物館など国内五施設でライチョウの一般公開を開始。
二〇一九年七月	ライチョウの「復活作戦」が始まった中央アルプスで半世紀ぶりにライチョウのヒナが孵化。
二〇二〇年四月	環境省の「第二期ライチョウ保護増殖事業実施計画」がスタート。

二〇二〇年八月	乗鞍岳から中央アルプス・木曽駒ヶ岳へライチョウ三家族計一九羽をヘリコプターで移送し、復活作戦の創始個体群が確立される。
二〇二一年七月	環境省は、中央アルプスで絶滅から約五〇年ぶりにライチョウの自然繁殖によるヒナが誕生したと発表。
二〇二一年八月	中央アルプスから長野市茶臼山動物園と那須どうぶつ王国にライチョウの家族をヘリコプターで移送。
二〇二二年七月	環境省は中央アルプスのライチョウの生息数を「一〇〇羽を超えている可能性がある」と発表。
二〇二二年八月	那須どうぶつ王国で繁殖させたライチョウ三家族を中央アルプスにヘリ移送。初の野生復帰に成功。
二〇二三年四月	中村浩志が、生息調査で木曽駒ヶ岳で飛来メスの生存を確認。
二〇二三年七月	中央アルプスでケージ保護を実施。飛来メスが六羽のヒナを育てあげ、那須どうぶつ王国生まれのメスも繁殖に成功。
二〇二三年一〇月	中村浩志が、生息調査で飛来メスの生存を確認。

主な参考文献

・『雷鳥が語りかけるもの』中村浩志／山と溪谷社
・『二万年の奇跡を生きた鳥 ライチョウ』中村浩志／農山漁村文化協会
・『ライチョウを絶滅から守る！』中村浩志・小林篤／しなのき書房
・『神の鳥ライチョウの生態と保全　日本の宝を未来へつなぐ』編著・楠田哲士／緑書房
・『ライチョウを絶滅から救え』国松俊英／小峰書店
・『生物の科学　遺伝二〇二〇年三月号「特集」ライチョウは守れるか？』エヌ・ティー・エス
・『北アルプス博物誌Ⅲ　動物・自然保護』大町山岳博物館編／信濃路
・『山と人と博物館　新・北アルプス博物誌』大町山岳博物館編／信濃毎日新聞社
・『中央アルプスにロープウェイをかける』小平善信／中央アルプス観光
・「中央アルプスに於けるライチョウの生息実態と移植について」羽田健三／『中央アルプス太田切川流域の自然と文化総合学術報告書』収録／中部環境緑化センター
・『野鳥の生活　森に棲む鳥』中村浩志／遊行社
・『ライチョウ観察ルールハンドブック』日本アルプスガイドセンター・環境省
・『ライチョウサミット第17回ライチョウ会議長野大会報告書』ライチョウサミット第17回ライチョウ会議長野大会実行委員会
・『第19回ライチョウ会議ぎふ大会　講演要旨集』第19回ライチョウ会議ぎふ大会実行委員会
・『第20回ライチョウ会議長野県駒ヶ根・宮田大会　講演要旨集』第20回ライチョウ会議長野県駒ヶ根・宮田大会実行委員会
・『ライチョウ保護増殖事業計画』文部科学省・農林水産省・環境省
・『第一期ライチョウ保護増殖事業実施計画』環境省長野自然環境事務所
・『第二期ライチョウ保護増殖事業実施計画』関東地方環境事務所・信越自然環境事務所

テレビ

・『ニホンライチョウ保護増殖に資する腸内細菌の研究』研究代表者・牛田一成
・『雷鳥を守るんだ〝神の鳥〟その声を聴く男』制作著作・長野朝日放送
・『よみがえれ〝神の鳥〟特別編』制作著作・長野朝日放送
・『よみがえれ〝神の鳥〟Ⅱ』制作著作・長野朝日放送
・『ダーウィンが来た！　ライチョウ　幻の生息地復活作戦』制作著作・ＮＨＫ

ウェブサイト

・一般財団法人中村浩志国際鳥類研究所（https://hnbirdlabo.org/）
・環境省信越自然環境事務所（https://chubu.env.go.jp/shinetsu/）

近藤幸夫　こんどう ゆきお

山岳ジャーナリスト。一九五九年、岐阜県生まれ。信州大学農学部林学科卒。一九八六年朝日新聞社に入社。初任地の富山支局（現富山総局）で、北アルプス・立山連峰を中心に山岳取材をスタート。一九八八年大阪本社運動部（現スポーツ部）に配属され、南極や北極、ヒマラヤなど海外取材を多数経験。二〇〇三年九月から半年間、カトマンズのネパール山岳協会にシニア留学。留学期間中、ダウラギリ南面での雪男捜索隊に同行取材したほか、チュルー最東峰（六〇三八メートル）に登頂。二〇一三年、東京本社スポーツ部から長野総局に異動。山岳専門記者として山岳遭難や山小屋、国の特別天然記念物・ライチョウなどの山岳取材を続けた。二〇二一年一二月、朝日新聞社を早期退職。長野市を拠点に山岳ジャーナリストとして活動している。日本山岳会、日本ヒマラヤ協会、信州大学学士山岳会に所属。

ライチョウ、翔んだ。

二〇二四年四月三〇日　第一刷発行

著者　近藤幸夫《こんどうゆきお》

発行者　岩瀬　朗

発行所　株式会社 集英社インターナショナル
〒一〇一-〇〇六四 東京都千代田区神田猿楽町一-五-一八
電話 〇三-五二一一-二六三〇

発売所　株式会社 集英社
〒一〇一-八〇五〇 東京都千代田区一ツ橋二-五-一〇
電話 〇三-三二三〇-六〇八〇(読者係)
〇三-三二三〇-六三九三(販売部)書店専用

印刷所　大日本印刷株式会社

製本所　加藤製本株式会社

ISBN978-4-7976-7446-0 C0095